职业教育物联网应用技术专业系列规划教材

传感器与无线传感网络

乔海晔　王　毅　黄　润　主　编

黄　燕　周鹏梅　宋相慧　副主编

余明辉　主　审

U0282777

电子工业出版社

Publishing House of Electronics Industry

北京 · BEIJING

内 容 简 介

　　本书适应物联网技术发展、行业企业的人才需求，紧贴职业岗位需求和物联网应用技术专业教学标准，从知识、能力、素质等方面满足学生的学习需求。本书的内容包括两大部分，第一部分为常用传感器类型知识的介绍，第二部分是无线传感网络的项目案例。教学内容均按照项目化的形式组织，每一章按照任务要求、任务涉及的知识、任务实现、拓展训练四大环节组织，并且配备完善的习题和案例供学习者使用。本书共有 7 章，内容包括传感器和无线传感网络技术简介、常用传感器类型及数据读取、蓝牙 4.0 无线通信应用、Wi-Fi 无线通信应用、ZigBee 无线通信应用、其他无线技术在无线传感网中的应用、无线传感网综合案例开发等。

　　本书适合作为各类职业院校物联网应用技术专业、移动互联技术专业、嵌入式系统应用专业、大数据专业、人工智能专业等的传感器技术、无线传感网络课程的教材，也可以作为物联网、电子工程技术人员的参考书。

图书在版编目（CIP）数据

传感器与无线传感网络 / 乔海晔，王毅，黄润主编. —北京：电子工业出版社，2019.6

ISBN 978-7-121-36332-0

Ⅰ. ①传… Ⅱ. ①乔… ②王… ③黄… Ⅲ. ①无线电通信—传感器—职业教育—教材 Ⅳ. ①TP212

中国版本图书馆 CIP 数据核字（2019）第 069072 号

责任编辑：白　楠　　特约编辑：王　纲
印　　刷：北京虎彩文化传播有限公司
装　　订：北京虎彩文化传播有限公司
出版发行：电子工业出版社
　　　　　北京市海淀区万寿路 173 信箱　邮编　100036
开　　本：787×1092　1/16　印张：14.25　字数：364.8 千字
版　　次：2019 年 6 月第 1 版
印　　次：2025 年 1 月第 11 次印刷
定　　价：34.00 元

凡所购买电子工业出版社图书有缺损问题，请向购买书店调换。若书店售缺，请与本社发行部联系，联系及邮购电话：（010）88254888，88258888。

质量投诉请发邮件至 zlts@phei.com.cn，盗版侵权举报请发邮件至 dbqq@phei.com.cn。

本书咨询联系方式：（010）88254592，bain@phei.com.cn。

前　言

物联网就是"物物相连"，是通过 RFID、传感器、GPRS 等信息感知设备和互联网连接起来的网络系统。典型的物联网系统一般分为三层：感知层、网络层、应用层，感知层和网络层承担着数据感知、数据传输的作用，是为物联网应用层提供数据来源和可靠传输的通道和"关隘"。正确掌握传感器技术和无线传感网络技术就是掌握了物联网的关键技术之一。

物联网技术是国家新兴战略产业技术，目前是物联网产业发展的黄金时期，物联网技术领域的人才缺口非常大。为了更好地培养物联网技术领域的人才，本着职业教育的培养目标，佛山职业技术学院物联网技术团队联合多所兄弟院校撰写了物联网应用技术专业核心课程系列教材，共包括 6 本，分别为《单片机及接口技术》《物联网工程技术》《传感器与无线传感网络》《RFID 与二维码技术》《移动物联网开发》《移动智能终端应用开发》。《传感器与无线传感网络》共 7 章，建议教学为 72 学时，教学时间为二年级第一学期。先修课程为《单片机及接口技术》《C#程序设计》《计算机网络基础》。各院校可以根据自身的人才培养方案实际安排情况进行适当的删减。建议教学学时分配如下：

章 节 内 容	建 议 学 时
第 1 章　概述	6
第 2 章　常用传感器	14
第 3 章　蓝牙 4.0 无线通信应用	8
第 4 章　Wi-Fi 无线通信应用	10
第 5 章　ZigBee 无线通信应用	16
第 6 章　其他无线技术在无线传感网中的应用	8
第 7 章　无线传感网综合案例开发	10
合计	72

本书的特点如下：

1．教、学、做相结合。将蓝牙 4.0、Basic RF、ZigBee、GPRS 等技术嵌入教学、训练任务中，通过项目化教学、任务驱动的方式，在任务实施过程中穿插新知识点的讲授，让学生在任务实施过程中理解、掌握理论知识点。

2．本书为校企合作教材，教学案例全部采用企业的真实案例，知识点和实训任务紧贴物联网技术相关企业的主流技术和产品，缩短学校教学和企业工程的距离，提高学习针对性。

3．无线传感网络作为物联网技术的灵魂，在职业技能大赛"物联网技术应用"赛项中涉及广泛，本书将竞赛考点作为新知识讲授的主要内容。

本书由广州番禺职业技术学院余明辉院长主审，由乔海晔、王毅、黄润担任主编，负责对本书的编写思路、目录、内容选取等进行总体策划，完成对全书的统稿工作。本书第 1 章由黄燕编写，第 2 章由周鹏梅编写，第 3 章由宋相慧编写，第 4 章由乔海晔编写，第 5 章由王毅编写，第 6、7 章由黄润编写。本书还得到了广东职业技术学院、私立华联学院（广东理工职业学院、广州城市职业学院）、合作企业（北京新大陆时代教育科技有限公司）相关人员的大力帮助和支持，在此感谢参与本书编写、审核、出版的全体人员。

由于时间仓促，编者水平有限，书中难免有不妥之处，恳请广大读者提出批评和建议，以便今后修订时进一步完善。阅读本书过程中遇到的问题、发现的错误、对本书内容和结构方面的任何意见和建议，请发送至 bain@phei.com.cn，致谢！

编　者

目　　录

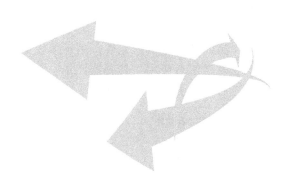

第1章 概　述

本章简介

本章主要以一个智慧家庭监测系统为例，让读者能够初步了解传感器和无线网络技术的结合，其中包含我们生活中最常见的温湿度、光照度的监测，在检测前要掌握设备的连接、模块的烧写、Wi-Fi 程序的下载和 M3 核心程序的下载。本章还介绍了传感器的定义、传感器的组成和分类、传感器的基本特性，以及传感网络在生态环境监测、交通管理、医疗系统和农业领域的应用。

章节目标

- 了解搭建智慧家庭监测系统的基本方法。
- 熟悉传感器的概念。
- 掌握传感器的基本特性。
- 了解无线传感网络在各行各业的应用。

章节任务

1.1　智慧家庭监测系统演示

本节任务主要是完成智慧家庭检测系统的整体演示，要求完成设备连接、程序下载和效果的演示。系统共包含四部分：第一部分是 ZigBee 数据采集，共有 3 个 ZigBee 节点，组成一个 ZigBee 网络，分别采集人体红外传感器与温湿度传感器，并将数据发送给 PC。第二部分为蓝牙采集人员信息，共使用两个蓝牙通信模块，组成蓝牙通信网络，负责采集人体红外传感器的数据，并将数据发送给 PC。第三部分是 Wi-Fi 通信功能，共有两个 Wi-Fi 通信模块，组成 Wi-Fi 通信网络，主要负责将 M3 模块中的数据发送给 PC，同时可以接收 PC 上的数据并发送给 M3 模块。第四部分是执行元件，用于接收 PC 发送过来的指令，并控制风扇运转。

该系统综合应用了传感器技术、无线感知网络技术、蓝牙、Wi-Fi 等技术，实现环境智能监控、心率监测等功能，智慧家庭监测系统拓扑结构如图 1-1-1 所示。

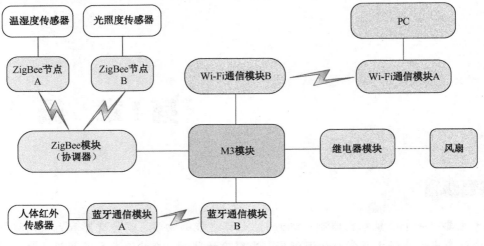

图 1-1-1　智慧家庭监测系统拓扑结构

最终实验结果如图 1-1-2 所示，PC 端通过串口调试助手实时接收各传感器的数据，同时可以通过串口调试助手发送 1（或 0）来控制风扇旋转（或停止）。

图 1-1-2　最终实验结果

 任务分析

本任务主要围绕智慧家庭监测系统进行实验，该系统结合了 ZigBee 通信组网技术、蓝牙通信组网技术和 Wi-Fi 通信组网技术。通过本节任务的学习，读者可初步了解传感器和无线网络相关技术。

建议读者带着以下问题进行本项任务的学习和实践：

- ZigBee 通信模块是如何下载程序的？
- 蓝牙通信模块是如何下载程序的？
- Wi-Fi 通信模块是如何下载程序的？
- 串口调试助手的使用方式是什么？

1. 设备连接

智慧家庭监测系统需要使用一些硬件设备，下面以表 1-1-1 所列设备清单为例讲解实验。

表 1-1-1 设备清单表

序 号	设 备 名 称	数 量	设 备 说 明
1	温湿度传感器	1	传感器型号为 SHT10
2	光照度传感器	1	传感器型号为 5528
3	人体红外传感器	1	传感器型号为 IMC-S7801
4	ZigBee 通信模块	3	芯片型号为 CC2530
5	Wi-Fi 通信模块	2	芯片型号为 ESP8266
6	蓝牙通信模块	2	芯片型号为 CC2540
7	M3 模块	1	芯片型号为 STM32F103VE
8	继电器模块	1	型号为 SRD-05VDC
9	风扇	1	工作电压为 12V

由于实验设备之间的通信涉及 M3 模块和各种无线通信模块硬件之间的数据传递，所以需要考虑数据的传递方式和设备之间的干扰。

温湿度 ZigBee 节点和光照度 ZigBee 节点主要采集传感器数据，然后通过 ZigBee 信号发送给协调器，协调器通过串口通信方式发送给 M3 模块。

ZigBee 协调器的数据传送给 M3 模块只能通过有线的方式进行，因为 M3 模块自身没有 ZigBee 通信功能，由于 ZigBee 模块本身有两个串口，这里可以使用串口 1（P1.6 和 P1.7 引脚）与 M3 模块（PB10 和 PB11 引脚）进行通信。

蓝牙通信模块 A 采集人体红外传感器的数据，并通过蓝牙信号发送给蓝牙通信模块 B，蓝牙通信模块 B 通过串口的方式将数据传送至 M3 模块。由于蓝牙通信模块本身有两个串口，这里可以使用串口 1（P1.0 和 GND 引脚）与 M3 模块（PA4 和 GND 引脚）进行通信。

M3 与 Wi-Fi 通信模块可以采用串口的方式进行通信，这里使用 M3 模块的串口（PA2 和 PA3 引脚）与 Wi-Fi 通信模块（RX 和 TX 引脚）通信。

各模块之间的连线方式见表 1-1-2。

表 1-1-2 各模块之间的连线方式

模 块 名	M3 模块	ZigBee 模块（协调器）
ZigBee 通信	PB10	P1.7
	PB11	P1.6
模块名	M3 模块	蓝牙通信模块 B

续表

模 块 名	M3 模块	ZigBee 模块（协调器）
蓝牙通信	PA4	P1.0
	GND	GND
模块名	M3 模块	Wi-Fi 通信模块 B
Wi-Fi 通信模块	PA2	RX
	PA3	TX
模块名	M3 模块	继电器模块
风扇	PA5	IN

如图 1-1-3 所示，连接各模块的引脚。

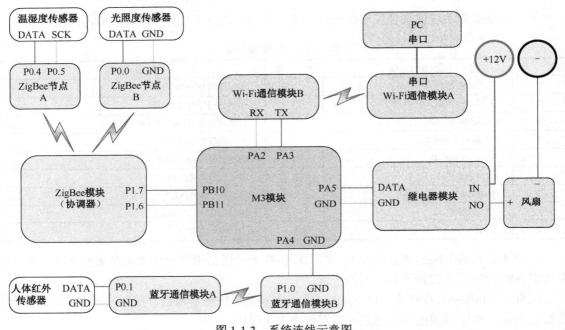

图 1-1-3 系统连线示意图

2. ZigBee 模块烧写

本系统共需要烧写 3 个 ZigBee 模块，分别为人体红外传感器节点、温湿度传感器节点和协调器，它们分别需要烧写配套资料中的"body_sensor.hex""tem_sensor.hex""Coordinator.hex"三个文件，需要注意的是，烧写程序的时候要防止各组之间产生干扰，要求每组烧写的代码都不相同。

1）安装 SmartRF Flash Programmer 烧写软件

SmartRF Flash Programmer（SmartRF 闪存编程器）可以对德州仪器公司低功率射频片上系统的闪存进行编程，还可以用来读取和写入芯片 IEEE/MAC 地址。通过 SmartRF 烧写软件可以对 ZigBee 板进行程序的烧写。

软件的安装过程十分简单，打开配套资料"\Setup_SmartRFProgr_1.12.7.exe"。安装完毕后生成的图标如图 1-1-4 所示。

图 1-1-4 SmartRF 烧写软件图标

SmartRF Flash Programmer 的运行界面如图 1-1-5 所示。

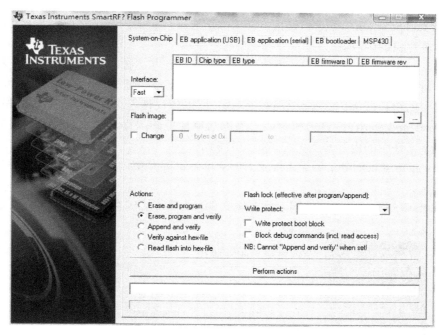

图 1-1-5　SmartRF Flash Programmer 运行界面

SmartRF Flash Programmer 有多个选项卡可供选择，其中"System-on-Chip"用于编程德州仪器公司的 SoC 芯片，例如 CC2430、CC2530 和 CC2540 等。

2）ZigBee 模块程序的烧写

将 ZigBee 模块与烧写器相连，烧写器通过 USB 与计算机连接，如图 1-1-6 所示。

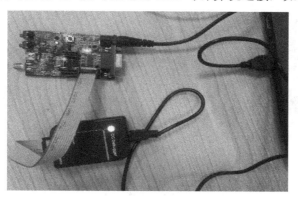

图 1-1-6　连接 ZigBee 模块与烧写器

运行 SmartRF Flash Programmer 程序，按烧写器上的复位键找到 ZigBee。

点击 Flash image（闪存镜像）的选择按钮 ⬚，选择要烧写的文件，分别为"body_sensor.hex""tem_sensor""Coordinator.hex"。

在 Actions（动作）区域选择"Erase，program and verify"，如图 1-1-7 所示。动作区域的 6 种不同动作含义如下。

● Erase：擦除，将擦除所选单片机的闪存，擦除过后，ZigBee 模块上的 LED 灯将全部灭掉。

- Erase and program：擦除和编程，将擦除所选单片机的闪存，然后将.hex 文件中的内容写入单片机的闪存。
- Erase, program and verify：擦除、编程和验证，与"擦除和编程"几乎一样，但编程后会将单片机闪存中的内容重新读出来并与.hex 文件进行比较。使用这种动作可检测编程中的错误或因闪存损坏导致的错误，所以建议使用这种动作来对单片机进行编程。
- Append and verify：追加和验证，不擦除单片机的闪存，从已有数据的最后位置开始将.hex 文件中的内容写入，完成后进行验证。
- Verify against hex-file：验证.hex 文件，从单片机闪存中读取内容与.hex 文件中的内容进行对比。
- Read flash into hex-file：读闪存到.hex 文件，从单片机闪存中读出内容并写入.hex 文件。

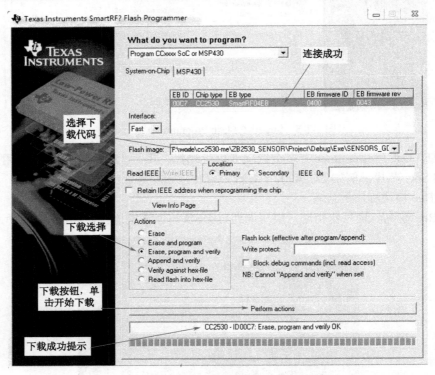

图 1-1-7　烧写程序设置

单击下方"Perform actions"按钮，开始对 ZigBee 模块进行烧写，动作执行过程中会显示执行进度条，并在执行完毕后给出如图 1-1-7 所示的提示，此时烧写成功。将 3 个 ZigBee 模块分别进行烧写。

3. 蓝牙程序下载

此次实验使用的蓝牙通信模块芯片是 TI 公司生产的 CC2540，该芯片和 ZigBee 芯片 CC2530 在结构上几乎一样，所以蓝牙的程序下载方式和上述的 ZigBee 模块程序下载步骤是一样的。这里我们使用 SmartRF Flash Programmer 软件将配套资料中的蓝牙程序 BLEA.hex 和 BLEB.hex 分别下载到蓝牙通信模块 A 和蓝牙通信模块 B 中。

1）蓝牙通信模块 A 程序下载

将蓝牙通信模块 A 的串口与 PC 串口相连。

在 Workspace 栏内选择"CC2541"，编译下载程序到蓝牙通信模块中，上电运行，在串口调试软件上显示从机名称（BLE Peripheral）、芯片厂家（Texas Instruments）、设备地址（0x78A5047A5272）、初始化完成提示（Initialized）和设备广播状态（Advertising），如图 1-1-8 所示。

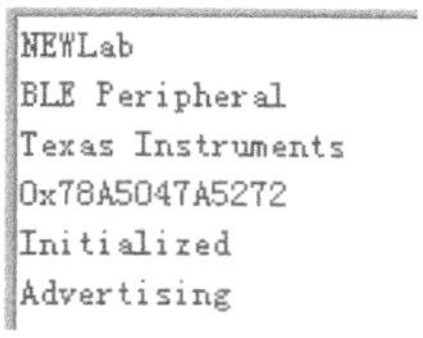

这里要求记住模块 A 的设置地址，在后面蓝牙的连接中要使用到。

```
NEWLab
BLE Peripheral
Texas Instruments
0x78A5047A5272
Initialized
Advertising
```

图 1-1-8 从机启动信息

2）蓝牙通信模块 B 程序下载

将蓝牙通信模块 B 的串口与 PC 串口相连。

编译下载程序到蓝牙通信模块 B 中，上电运行，在串口调试软件上显示主机名称（BLE Central）、芯片厂家（Texas Instruments）和设备地址（0x78A504856D1F），如图 1-1-9 所示。

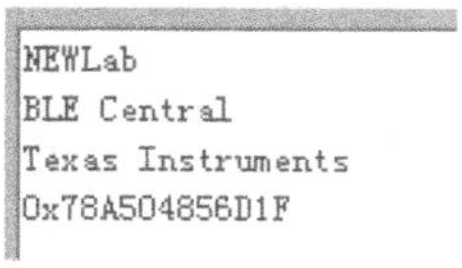

```
NEWLab
BLE Central
Texas Instruments
0x78A504856D1F
```

图 1-1-9 主机启动信息

3）蓝牙模块配对连接

断开蓝牙通信模块 A 与 PC 相连的串口，继续保持蓝牙通信模块 B 与 PC 串口相连。

● 蓝牙通信模块 B 对应的 PC 串口发送指令"1"，搜索节点设备。

● 蓝牙通信模块 B 对应的 PC 串口发送指令"2"，查看搜索的节点设备，显示节点的设备编号（如果搜索到的节点编号不是自己组的节点编号，可以再次发送指令 2，重新搜索下一个节点）。

● 蓝牙通信模块 B 对应的 PC 串口发送指令"4"，与搜索到的节点设备进行连接，显示与节点设备连接等相关信息。以上两个蓝牙通信模块的连接过程中，串口显示的信息如图 1-1-10 所示。

图 1-1-10 连接过程中串口显示信息

配对成功后断开蓝牙通信模块 B 与 PC 相连的串口，保持蓝牙通信模块 A 和 B 的上电状态。

4．Wi-Fi 程序下载

1）下载 Wi-Fi 通信模块 A 的程序

打开烧写工具，如图 1-1-11 所示。

下载程序到 Wi-Fi 通信模块之前，需要先将 Wi-Fi 通信模块 ESP8266 与 PC 进行连接，连接方式如图 1-1-12 所示。

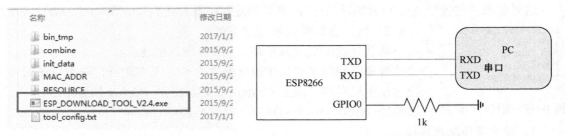

图 1-1-11　烧写工具　　　　　　　　　图 1-1-12　程序下载连接方式

设置烧写工具和烧写的程序路径（设置为 Wi-Fi 通信模块 A 文件夹中的程序），如图 1-1-13 所示。

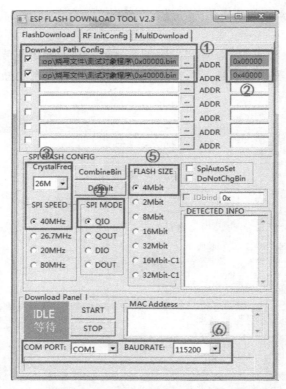

图 1-1-13　设置烧写工具和烧写的程序路径

按图 1-1-13 所示，设置①～⑥步骤后，先按下模块的复位键，然后单击烧写按钮"START"启动下载。

Wi-Fi 通信模块的程序下载完后，按图 1-1-14 所示，将 Wi-Fi 设置为运行模式：

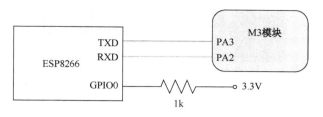

图 1-1-14 将 Wi-Fi 设置为运行模式

2）下载 Wi-Fi 通信模块 B 中的程序

Wi-Fi 通信模块 B 的程序下载方式和模块 A 的基本一样，只是下载的程序和地址不同，将
Ai-Thinker_ESP8266_DOUT_8Mbit_v1.5.4.1-a_20171130.bin 下载地址设置为 0x00000，user1.bin
下载地址设置为 0x01000，user2.bin 下载地址设置为 0x81000，如图 1-1-15 所示。

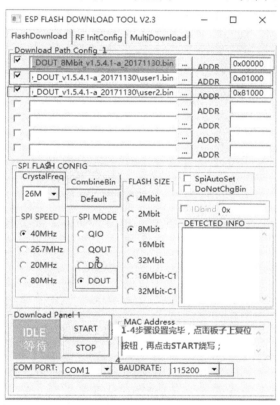

图 1-1-15 Wi-Fi 通信模块 B 下载地址设置

5．M3 核心程序下载

1）安装 M3 模块下载工具

将配套资料中的 Flash Loader Demonstrator 软件进行安装。

2）M3 模块程序下载

将 M3 模块设置为下载模式（BOOT 模式），如图 1-1-16 所示。

使用串口线将 M3 模块连接到 PC 上，接着对 M3 模块上电（一定要从下电到上电），打开
下载软件，如图 1-1-17 所示。

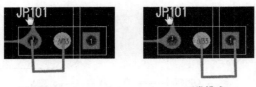

下载模式   正常模式

图 1-1-16   将 M3 模块设置为下载模式

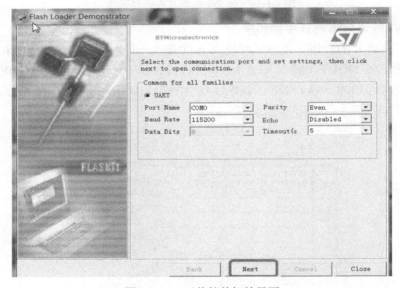

图 1-1-17   下载软件初始界面

选择对应的串口号，波特率设置为 115200，单击 "Next"，依次出现如图 1-1-18、图 1-1-19 所示界面。

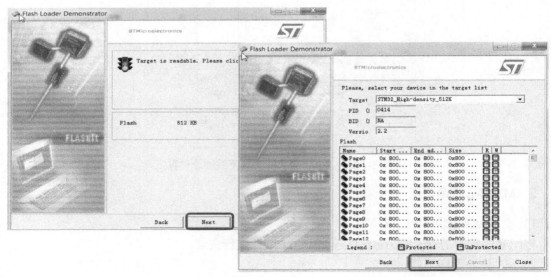

图 1-1-18   配置界面

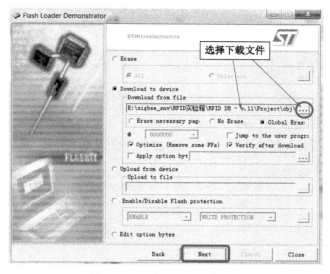

图 1-1-19　选择下载文件界面

如图 1-1-19 所示，选择要下载的文件，单击"Next"，进入如图 1-1-20 所示的下载界面。

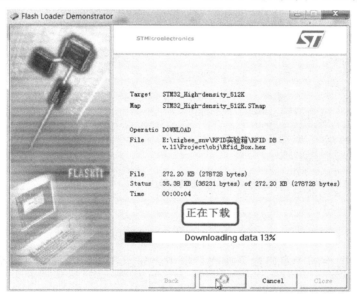

图 1-1-20　下载界面

下载完成后，如图 1-1-21 所示。

下载成功后下电，把 JP101 短路到正常模式，此时 M3 模块程序就下载完成了。

6．结果演示

打开"串口调试助手"软件，根据图 1-1-22 中的要求进行配置。

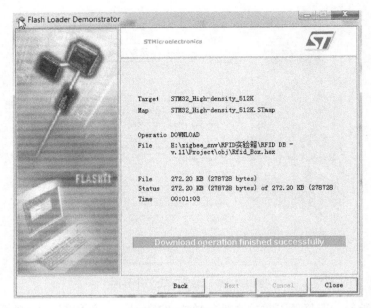

图 1-1-21　下载完成

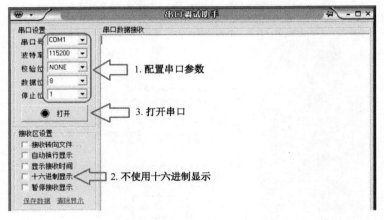

图 1-1-22　串口配置

此时串口调试助手的"串口数据接收"框中会显示各传感器采集到的数值，如图 1-1-23 所示。

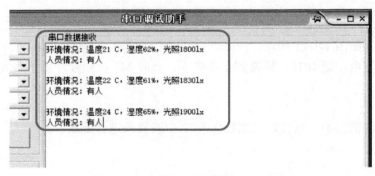

图 1-1-23　显示传感器采集到的数据

如图 1-1-24 所示，取消按十六进制发送，并在串口调试助手的发送框中输入 1，单击"发送”按钮，此时可以看到风扇开始旋转。

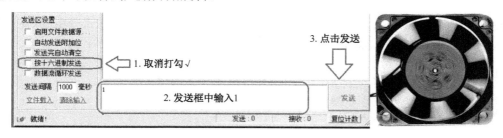

图 1-1-24　控制风扇运行

在发送框中输入 0，单击“发送”，此时风扇停止旋转，如图 1-1-25 所示。

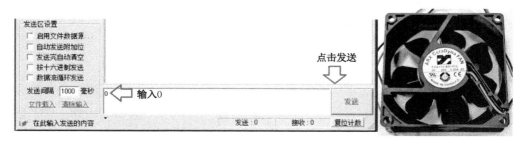

图 1-1-25　风扇停止旋转

1.2　传感器技术认知

1. 什么是传感器

传感器是人类通过仪器探知自然界的触角，它的作用与人的感官类似。如果将计算机视为识别和处理信息的“大脑”，将通信系统比作传递信息的“神经系统”，将执行器比作人的肌体的话，那么传感器就相当于人的五官。

● “感”——传感器对被测量的对象敏感。

● “传”——传送传感器感受被测量的信息。

传感器（英文名称：Transducer/Sensor）是一种检测装置，能感受到被测量的信息，并能将感受到的信息，按一定规律变换成电信号或其他所需形式的信息输出，以满足信息的传输、处理、存储、显示、记录和控制等要求。

从定义可以看出，传感器包含以下信息。

（1）它是由敏感元件和转换元件构成的一种检测装置，能感受到被测量的信息，并能检测感受到的信息。

（2）能按一定规律将被测量转换成电信号输出，以满足信息的传输、处理、存储、显示、记录和控制等要求。

（3）传感器的输出与输入之间存在确定的关系。

2．传感器的组成

传感器一般由敏感元件、转换元件、转换电路（测量电路和辅助电路）三部分组成（图 1-2-1）。
- 敏感元件直接感受被测量，并输出与被测量有确定关系的物理量信号；
- 转换元件将敏感元件输出的物理量信号转换为电信号；
- 转换电路负责对转换元件输出的电信号进行放大、调制。

转换元件和转换电路一般还需要辅助电源供电。

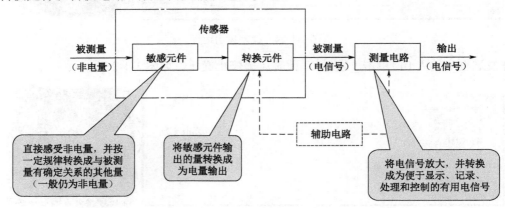

图 1-2-1　传感器组成框架图

3．传感器的分类

（1）按被测物理量分类，常见的物理量见表 1-2-1。

表 1-2-1　常见物理量

机械量	长度、厚度、位移、速度、加速度
	旋转角、转数、质量、重量、力
	压力、真空度、力矩、风速、流速
	流量
声	声压、噪声
磁	磁通、磁场
温度	温度、热量、比热容
光	亮度、色彩

（2）按工作原理分类，有电学式、磁学式、光电式、电化学式等。

切削力测量片如图 1-2-2 所示，动圈式磁电传感器如图 1-2-3 所示。

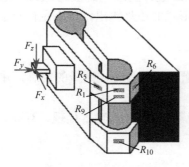

图 1-2-2　切削力测量片

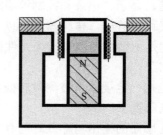

图 1-2-3　动圈式磁电传感器

（3）按信号变换特征分为能量转换型和能量控制型。

● 能量转换型：直接由被测对象输入能量使其工作，如热电偶温度计、压电式加速度计。

● 能量控制型：从外部供给能量并由被测量控制外部供给能量的变化，如电阻应变片。

（4）按敏感元件与被测对象之间的能量关系分为物性型和结构型。

● 物性型：依靠敏感元件材料本身物理性质的变化来实现信号变换，如水银温度计（图 1-2-4）。

● 结构型：依靠传感器结构参数的变化实现信号转变，如电容式和电感式传感器（图 1-2-5）。

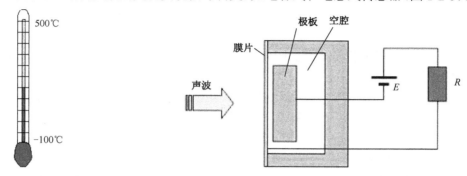

图 1-2-4　水银温度计　　　　　图 1-2-5　电容式和电感式传感器

（5）按输出电信号类型分类。

根据传感器输出电信号的类型不同，可以分为：

● 模拟量传感器；

● 数字量传感器；

● 开关量传感器。

如：接近开关是一种采用非接触式检测、输出开关量的传感器。

传感器分类见表 1-2-2。

表 1-2-2　传感器分类表

分　类　法	形　　式	说　　明
按基本效应分类	物理型	采用物理效应进行转换
	化学型	采用化学效应进行转换
	生物型	采用生物效应进行转换
按构成原理分类	结构型	以转换元件结构参数变化实现信号转换
	物性型	以转换元件物理特性变化实现信号转换
按能量关系分类	能量转换型	传感器输出量直接由被测量能量转换
	能量控制型	传感器输出量能量由外部能源提供，但受输入量控制
按工作原理分类	电阻式	利用电阻参数变化实现信号转换
	电容式	利用电容参数变化实现信号转换
	电感式	利用电感参数变化实现信号转换
	压电式	利用压电效应实现信号转换
	磁电式	利用电磁感应原理实现信号转换

续表

分 类 法	形 式	说 明
按工作原理分类	热电式	利用热电效应实现信号转换
	光电式	利用光电效应实现信号转换
	光纤式	利用光纤特性参数变化实现信号转换
按输入量分类	长度、位移、压力、温度、流量、距离	以被测量命名（即按用途分类）
按输出量分类	模拟式	输出量为模拟信号（电压、电流等）
	数字式	输出量为数字信号（脉冲、编码等）

现在很多开发都从传感器研究的目的出发，着眼于变换过程的特征可以将传感器按输出量的性质分为以下类型。

● 参量型传感器：它的输出是电阻、电感、电容等无源电参量，相应地有电阻式传感器、电感式传感器、电容式传感器等。

● 发电型传感器：它的输出是电压或电流，相应地有热电隅传感器、光电传感器、压电传感器等。

（1）电阻式传感器（图1-2-6）。

电阻式传感器是利用变阻器将被测非电量转换为电阻信号的原理制成的。电阻式传感器一般有电位器式、触点变阻式、电阻应变片式及压阻式等。电阻式传感器主要用于位移、压力、力、应变、力矩、气流流速、液位和液体流量等参数的测量。

（2）电容式传感器（图1-2-7）。

电容式传感器是利用改变电容的几何尺寸或改变介质的性质和含量，从而使电容量发生变化的原理制成的，主要用于压力、位移、液位、厚度、水分含量等参数的测量。

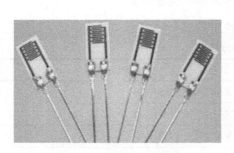

图1-2-6 电阻式传感器

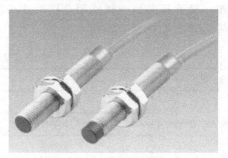

图1-2-7 电容式传感器

（3）电感式传感器（图1-2-8）。

电感式传感器是利用改变磁路几何尺寸、磁体位置来改变电感或互感的电感量或压磁效应的原理制成的，主要用于位移、压力、力、振动、加速度等参数的测量。

磁电式传感器利用电磁感应原理，把被测非电量转换成电量，主要用于流量、转速和位移等参数的测量。

（4）压电式传感器（图1-2-9）。

它是基于压电效应的传感器，是一种自发式和机电转换式传感器。它的敏感元件由压电材料制成。压电材料受力后表面产生电荷。此电荷经电荷放大器、测量电路放大和变换阻抗后就成为正比于所受外力的电量输出。压电式传感器用于测量力、能变换为力的非电物理量。它的优点是频带宽、灵敏度高、信噪比高、结构简单、工作可靠和重量轻等。缺点是某些压电材料需要防潮措施，而且输出的直流响应差，需要采用高输入阻抗电路或电荷放大器来克服这一缺陷。

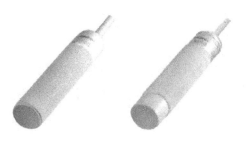

图 1-2-8　电感式传感器

图 1-2-9　压电式传感器

（5）光电传感器（图 1-2-10）。

光电式传感器在非电量检测及自动控制技术中占有重要的地位。它是利用光电器件的光电效应和光学原理制成的，主要用于光强、光通量、位移、浓度等参数的测量。

（6）热电式传感器（图 1-2-11）。

热电式传感器是将温度变化转换为电量变化的装置。它是利用某些材料或元件的性能随温度变化的特性来进行测量的。例如将温度变化转换为电阻、热电动势、热膨胀、导磁率等的变化，再通过适当的测量电路达到检测温度的目的。把温度变化转换为电势的热电式传感器称为热电偶，把温度变化转换为电阻值的热电式传感器称为热电阻。

图 1-2-10　光电传感器

图 1-2-11　热电式传感器

（7）气敏传感器（图 1-2-12）。

气敏传感器是一种检测特定气体的传感器。它主要包括半导体气敏传感器、接触燃烧式气敏传感器和电化学气敏传感器等，其中用得最多的是半导体气敏传感器。

图 1-2-12　气敏传感器

气敏传感器的应用主要有：一氧化碳气体的检测、瓦斯气体的检测、煤气的检测、氟利昂（R11、R12）的检测、呼气中乙醇的检测、人体口腔口臭的检测等。

它将气体种类及其与浓度有关的信息转换成电信号，根据这些电信号的强弱就可以获得与待测气体在环境中的存在情况有关的信息，从而可以进行检测、监控、报警；还可以通过接口电路与计算机组成自动检测、控制和报警系统。

（8）湿敏传感器（图 1-2-13）。

湿敏传感器是由湿敏元件和转换电路等组成，将环境湿度变换为电信号的装置，在工业、农业、气象、医疗及日常生活等方面都得到了广泛的应用，特别是随着科学技术的发展，对于湿度的检测和控制越来越受到人们的重视并进行了大量的研制工作。

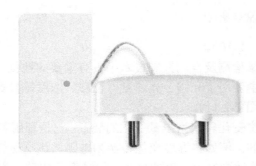

图 1-2-13　湿敏传感器

理想的湿敏传感器的特性要求：适合在宽温、湿范围内使用，测量精度高；使用寿命长，稳定性好；响应速度快，湿滞回差小，重现性好；灵敏度高，线形好，温度系数小；制造工艺简单，易于批量生产，转换电路简单，成本低；抗腐蚀，耐低温和高温特性好等。

上述所介绍的是比较常见的传感器类型，按照生活中用途分类，还有其他种类的传感器，有兴趣的读者可以去查找相关资料。

4．传感器的基本特性

1）传感器的静态特性

静态特性是指输入的被测量不随时间变化或随时间缓慢变化时表现的特性。表征传感器静态特性的主要参数有线性度、灵敏度、分辨力、迟滞、重复性。

（1）线性度。

线性度是传感器的输出与输入之间成线性关系的程度，如图 1-2-14 所示。

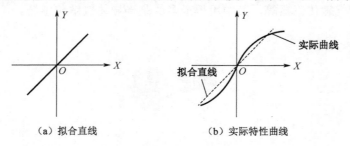

（a）拟合直线　　　　　　（b）实际特性曲线

图 1-2-14　线性度

（2）灵敏度。

灵敏度是指传感器在稳态下的输出变化值与输入变化值之比。

（3）分辨力。

分辨力是指传感器在规定测量的范围内能检出被测量的最小变化量的能力。当被测量的变化小于分辨力时，传感器对输入量的变化无任何反应；只有当输入量的变化超过了分辨力的量值时，输出才有可能准确表现出来，因而，传感器就存在分辨力的问题。分辨力越小，表明传感器检测非电量的能力越强，分辨力的高低从某个侧面反映了传感器的精度。

（4）迟滞。

迟滞反映传感器正向特性与反向特性不一致的程度。产生这种现象的原因是传感器的机械部分不可避免地存在间隙、摩擦及松动，如图 1-2-15 所示。

（5）重复性。

重复性是指传感器输入量按同一方向作全量程连续多次测量时所得输出-输入特性曲线不重合的程度。它是反映传感器精密度的一个指标，产生的原因与迟滞基本相同，重复性越好，误差越小，如图 1-2-16 所示。

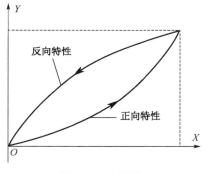

图 1-2-15　迟滞

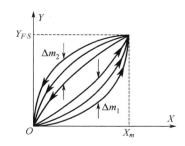

图 1-2-16　重复性

2）传感器的动态特性

传感器要检测的输入信号是随时间变化的。传感器应能跟踪输入信号的变化，这样才能获得正确的输出信号；如果输入信号变化太快，传感器就可能跟踪不上，这种跟踪输入信号的特性就是传感器的响应特性，即动态特性。表征传感器动态特性的主要参数有响应速度、频率响应。

（1）响应速度。

响应速度是反映传感器动态特性的一项重要参数，是传感器在阶跃信号作用下的输出特性。它主要包括上升时间、峰值时间及响应时间等，反映了传感器的稳定输出信号（在规定误差范围内）随输入信号变化的快慢。

（2）频率响应。

频率响应是指传感器的输出特性曲线与输入信号频率之间的关系，包括幅频特性和相频特性。在实际应用中，应根据输入信号的频率范围来选用合适的传感器。

5．传感器的应用

1）日常生活中使用的传感器

我们生活中很多家用电器都含有传感器，如自动电饭锅、吸尘器、空调器等（图 1-2-17）。

图 1-2-17　生活中的传感器

2）工业生产中使用的传感器（图 1-2-18）

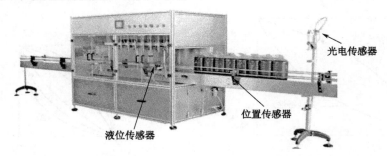

图 1-2-18　工业生产中使用的传感器

3）地震救助中使用的传感器

如图 1-2-19 所示为各种生命探测设备。

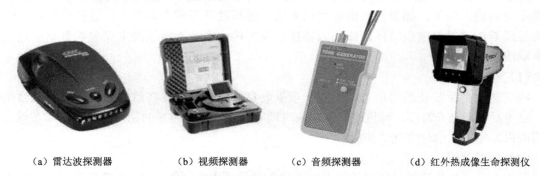

（a）雷达波探测器　　　（b）视频探测器　　　（c）音频探测器　　　（d）红外热成像生命探测仪

图 1-2-19　各种生命探测设备

4）环境监测和农业生产中使用的传感器（图 1-2-20）

5）汽车中使用的传感器（图 1-2-21）

高级轿车需要用传感器对温度、压力、距离、转速、加速度、湿度、电磁、光电、振动等进行实时准确的测量，一般需要 30～100 种传感器。

图 1-2-20　农业生产中使用的传感器

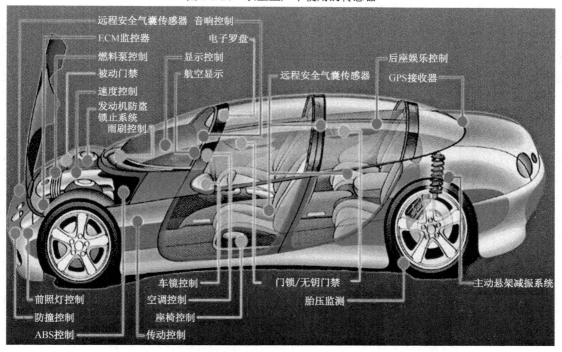

图 1-2-21　汽车中使用的传感器

1.3　无线传感网络的应用实例

传感器节点可以连续不断地进行数据采集、事件检测、事件标识、位置监测和节点控制，这些特性和无线连接方式使得无线传感器网络的应用前景非常广阔，能够广泛应用于环境监测和预报、健康护理、智能家居、建筑物状态监控、复杂机械监控、城市交通、空间探索、大型车间和仓库管理，以及机场、大型工业园区的安全监测等领域（图 1-3-1）。随着无线传

感网络的深入研究和广泛应用，无线传感网络逐渐深入人类生活的各个领域而受到业内人士的重视。

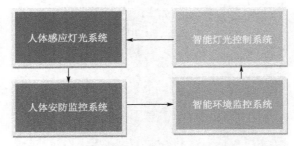

图 1-3-1　无线传感网络应用场景

1. 在生态环境监测和预报中的应用

在生态环境监测和预报方面，无线传感网络可用于监视农作物灌溉情况、土壤空气情况、家畜和家禽的环境和迁移状况、无线土壤生态学、大面积的地表监测等，可用于行星探测、气象和地理研究、洪水监测等。基于无线传感网络，可以通过数种传感器来监测降雨量、河水水位和土壤水分，并依此预测山洪爆发的可能性；可描述生态多样性，从而进行动物栖息地生态监测；还可以通过跟踪鸟类、小型动物和昆虫进行种群复杂度的研究等。

随着人们对环境的日益关注，环境科学所涉及的范围越来越广泛。通过传统方式采集原始数据是一件困难的工作（图 1-3-2）。无线传感网络为野外随机性的研究数据获取提供了方便，特别是如下几方面：将几百万个传感器散布于森林中，能够为森林火灾地点的判定提供最快的信息；无线传感网络能提供遭受化学污染的位置及测定化学污染源，不需要人工冒险进入受污染区；判定降雨情况，为防洪抗旱提供准确信息；实时监测空气污染、水污染及土壤污染；监测海洋、大气和土壤的成分。

图 1-3-2　原始农业

对于规模化的温室大棚种植而言，单靠人工管理需要大量人手，耗力费时，并且存在难以避免的人工误差。物联网系统采集温室内的空气温湿度、土壤水分、土壤温度、二氧化碳、光照强度等实时环境数据（图 1-3-3），传输到控制中心，由中心平台系统将最新监测数据与预先设定适合农作物生长的环境参数进行比较，如发现传感器监测到的数据与预设数值有了偏差，计算机会自动发出指令，智能启动与系统相连接的通风机、遮阳、加湿、浇灌等设备进行工作，直到大棚内环境数据达到系统预设的数据范围之内，相关设备才会停止工作。

图 1-3-3　实时环境数据

物联网技术的应用真正实现了农业生产自动化、管理智能化，通过计算机、手机实现对温室大棚种植管理智能化调温、精细化施肥，可达到提高产量、改善品质、节省人力、降低人工误差、提高经济效益的目的，实现温室种植的高效和精准化管理。

2. 在交通管理中的应用

在交通管理中利用安装在道路两侧的无线传感网络系统，可以实时监测路面状况、积水状况，以及公路的噪声、粉尘、气体等参数，达到道路保护、环境保护和行人健康保护的目的。

1995 年，美国交通部提出了"国家智能交通系统项目规划"，预计到 2025 年全面投入使用。这种新型系统将有效地使用传感网络进行交通管理，不仅可以使汽车按照一定的速度行驶、前后车距自动地保持一定的距离，而且还可以提供有关道路堵塞的最新消息，推荐最佳行车路线，以及提醒驾驶员避免交通事故等。

由于该系统将应用大量的传感器与各种车辆保持联系，人们可以利用计算机来监视每一辆汽车的运行状况，如制动质量、发动机调速时间等。根据具体情况，计算机可以自动进行调整，使车辆保持在高效低耗的最佳运行状态，并就潜在的故障发出警告，或直接与事故抢救中心取得联系。目前在美国宾西法尼亚州的匹兹堡市就已经建成这样的交通信息系统，并且通过电台等媒体附带产生了一定商业价值（图 1-3-4）。

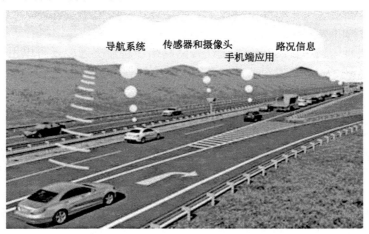

图 1-3-4　交通信息系统

道路两侧的传感器节点可以实时监测道路破损、路面不平等情况（图 1-3-5），在暴雨时可以监测路面积水情况，并将这些数据通过无线传感网络实时地发送到相关部门，便于相关部门对道路进行检修或发布道路积水警报及进行险情排除等工作。道路两侧的传感器节点还可以实时监测公路附近的环境状况，例如噪声、粉尘及有毒气体浓度等参数，并通过无线传感网络系统将这些数据实时发送出去，便于有关部门对道路情况进行监测。

图 1-3-5　路面监测

智能交通系统（ITS）是在传统交通体系的基础上发展起来的新型交通系统，它将信息、通信、控制和计算机技术，以及其他现代通信技术综合应用于交通领域，并将"人-车-路-环境"有机地结合在一起。在现有的交通设施中增加一种无线传感网络技术，将能够从根本上缓解困扰现代交通的安全、通畅、节能和环保等问题，同时还可以提高交通运行效率。因此，将无线传感网络技术应用于智能交通系统已经成为近几年来的研究热点。智能交通系统主要包括交通信息的采集、交通信息的传输、交通控制和诱导等几个方面。无线传感网络可以为智能交通系统的信息采集和传输提供一种有效手段，用来监测路面与路口各个方向上的车流量、车速等信息。它主要由信息采集输入、策略控制、输出执行、各子系统间的数据传输与通信等子系统组成。信息采集子系统主要通过传感器来采集车辆和路面信息，然后由策略控制子系统根据设定的目标，并运用计算方法计算出最佳方案，同时输出控制信号给执行子系统，以引导和控制车辆的通行，从而达到预设的目标。无线传感网络在智能交通中还可以用于交通信息发布、电子收费、车速测定、停车管理、综合信息服务平台、智能公交与轨道交通、交通诱导系统和综合信息平台等技术领域。

3. 在医疗系统和健康护理中的应用

当前很多国家都面临着人口老龄化的问题，我国老龄化速度更居全球之首。中国 60 岁以上的老年人数量已经达到 1.6 亿，约占总人口的 12%，80 岁以上的老年人数量达 1805 万，约占老年人口总数的 11.29%。一对夫妇赡养四位老人、生育一个子女的家庭大量出现，使赡养老人的压力进一步加大。"空巢老人"在各大城市平均比例已达 30%以上，个别大中城市甚至已超过 50%。这对于中国传统的家庭养老方式提出了严峻挑战。

　　无线传感网络技术通过连续监测提供丰富的背景资料并进行预警响应，不仅有望解决这一问题还可大大提高医疗的质量和效率（图 1-3-6）。无线传感网络集合了微电子技术、嵌入式计算技术、现代网络及无线通信和分布式信息处理等技术，能够通过各类集成化的微型传感器协同完成对各种环境或监测对象的信息的实时监测、感知和采集，是当前在国际上备受关注的，涉及多学科高度交叉、知识高度集成的前沿热点之一。

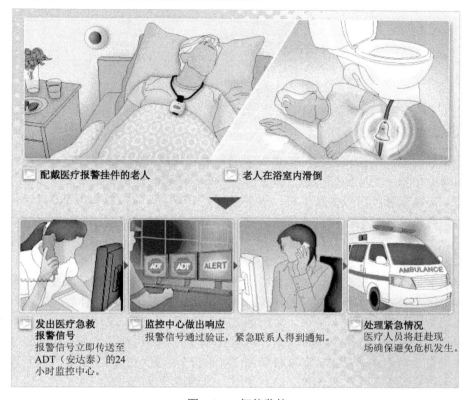

图 1-3-6　智能监护

　　近年来，无线传感网络在医疗系统和健康护理方面已有很多应用，例如，监测人体的各种生理数据，跟踪和监控医院中医生和患者的行动，以及医院的药物管理等。如果在住院病人身上安装特殊用途的传感器节点，例如心率和血压监测设备，医生就可以随时了解被监护病人的病情，在发现异常情况时能够迅速抢救（图 1-3-7）。罗切斯特大学的一项研究表明，这些计算机甚至可以用于医疗研究。科学家使用无线传感器创建了一个"智能医疗之家"，即一个 5 间房的公寓住宅，在这里利用人类研究项目来测试概念和原型产品。"智能医疗之家"使用微尘来测量居住者的重要征兆（血压、脉搏和呼吸）、睡觉姿势及每天 24 小时的活动状况。所收集的数据将被用于开展以后的医疗研究。通过在鞋、家具和家用电器等设备中嵌入网络传感器，可以帮助老年人、重病患者及残疾人的家庭生活。利用传感器网络可高效传递必要的信息从而方便接受护理，而且可以减轻护理人员的负担，提高护理质量。利用传感网络长时间地收集人的生理数据，可以加快研制新药品的过程，而安装在被监测对象身上的微型传感器也不会给人的正常生活带来太多的不便。此外，在药物管理等诸多方面，它也有新颖而独特的应用。

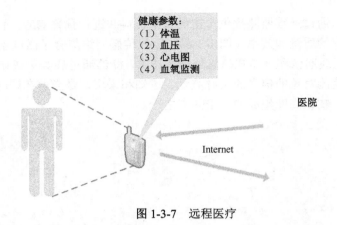

健康参数：
（1）体温
（2）血压
（3）心电图
（4）血氧监测

医院

Internet

图 1-3-7　远程医疗

4．在农业领域的应用

农业是无线传感网络应用的另一个重要领域（图 1-3-8）。为了研究这种可能性，Intel 率先在俄勒冈州建立了第一个无线葡萄园。传感器被分布在葡萄园的每个角落，每隔一分钟检测一次土壤温度，以确保葡萄可以健康生长，进而获得大丰收。以后，研究人员将实施一种系统，用于监视每一传感器区域的温度，或该地区有害物的数量。他们甚至计划在家畜（如狗）上使用传感器，以便可以在巡逻时收集必要信息。这些信息将有助于开展有效的灌溉和喷洒农药，进而降低成本和确保农场获得高效益。

据媒体报道，国家科技支撑计划项目"西北优势农作物生产精准管理系统"实施以来，主要针对西部地区优势农产品苹果、猕猴桃、丹参、甜瓜、番茄等主要农作物，以及西部干旱少雨的生态环境特点开展专项技术研究、系统集成与典型应用示范，成功将无线传感网络技术成功应用于精细农业生产中。这个实时采集作物生长环境的传感网络技术应用于农业生产，为发展现代农业提供了新的技术支撑。在项目实施中，承担单位之一的西北工业大学利用传感网络技术，开发出可实时采集大气温湿度、CO_2 浓度、土壤温湿度的传感网络节点。

无线温湿度采集终端

数据收集器

GPRS/3G

PC

图 1-3-8　农业数据采集

系统由感知节点、汇聚节点、通信服务器、基于 Web 的监控中心、农业专家系统、交互式农户生产指导平台组成。系统已应用于安塞、杨凌、阎良日光温室的番茄、甜瓜等作物（图 1-3-9）。众多的感知节点实时采集作物生长环境信息，以自组织网络形式将信息发送到汇聚节点，由汇聚节点通过 GPRS 上传到互联网上的实时数据库中。农业专家系统分析处理相关数据,提出生产指导建议,并以短消息方式通知农户。系统还可远程控制温室的滴灌、通风等设备,按照专家系统的建议实行温度、水分等自动化管理操作。西北农林科技大学面向西部优势农产品精准化生产需求和西北地区主要农业设施环境特点,研究以苹果、猕猴桃、甜瓜、番茄、丹参为代表的西部优势农作物的生长发育模拟模型及精准的量化管理指标,已建立了以上各作物的生长发育、产量及品质数据库。

图 1-3-9　农业大棚中的传感网络系统

针对优质果业和中草药精准管理,建立了生产地气候数据生成模拟模型,以温度、光照为主要驱动因子的发育进程模拟模型,丹参主茎叶龄动态发育模型、丹参光合生产与干物质积累模型。通过技术组装配套,开发出 6 套主要作物精准化管理技术规范,建立蔬菜、苹果、猕猴桃、丹参等 6 个示范基地。通过精准化育苗和水肥管理,生产效益提高 11%,苹果精准化示范园较常规果园产量提高 12%,优质果率提高 8%,降低投资 17%,每亩合计增加效益 1215 元;猕猴桃精准化示范园产量提高 15%,优质果率提高 10%,降低投资 16%,每亩合计增效 1500元。相关技术已辐射 2 万余亩,已累计增加效益 7000 多万元。

我国是一个农业大国,农作物的优质高产对国家的经济发展意义重大。在目前农业自然资源不断减少,生态环境恶化趋势没有扭转的情况下,农业想要进一步发展,就必须要求农业转变增长方式,推动农业发展的现代化、信息化。传感网络的出现为农业各领域的信息采集与处理提供了新的思路和有力手段。借助这种技术手段,能够实时提供土壤温湿度、空气变更、酸碱度、二氧化碳浓度,动植物病虫害信息、生长信息,农作物灌溉情况等,这些信息帮助人们及时发现农业生产中的问题,使农业有可能渐渐地从以人为中心,转向以信息和软件为中心的生产模式。随着无线传感网络的不断发展,国内外在该领域已经初步推出相关产品并得到示范应用。

第 2 章　常用传感器

本章简介

本章主要介绍如何获取温度传感器、红外传感器、霍尔传感器、压电传感器、声音传感器的数据，并基于这些获取传感器数据的任务使读者了解各传感器的工作原理、工作特点，熟悉各传感器模块并掌握其测量方法。

章节目标

- 熟悉各传感器的构成。
- 熟悉各传感器的原理。
- 掌握各传感器的测量方法。

章节任务

2.1　获取温度传感器数据任务

 任务要求

- 了解热敏电阻的工作原理；
- 了解热敏电阻电路的工作特点；
- 了解温度传感模块的原理并掌握其测量方法。

　　本节主要介绍热敏电阻的结构形式、热敏电阻的温度特性、热敏电阻输出特性的线性化处理、热敏电阻的应用、温度传感模块等，使读者了解热敏电阻的工作原理、特点，并掌握其测量方法。

　　建议读者带着以下问题进行本项任务的学习和实践：

● 热敏电阻的结构有哪些？
● 热敏电阻按电阻温度特性分为几类？分别是哪几类？
● 如何进行温度传感器的测量？
● 热敏电阻的应用有哪些？

　　热电传感技术是利用转换元件电参量随温度变化的特征，对温度和与温度有关的参量进行检测的技术。将温度变化转化为电阻变化的称为热电阻传感器，其中金属热电阻式传感器简称热电阻，半导体热电阻式传感器简称热敏电阻；将温度变化转换为热电势变化的称为热电偶传感器。本书只介绍热敏电阻。

　　热敏电阻是一种电阻值随温度变化的半导体传感器。它的温度系数很大，比温差电偶和线绕电阻测温元件的灵敏度高几十倍，适用于测量微小的温度变化。热敏电阻体积小、热容量小、响应速度快，能在空隙和狭缝中测量。它的阻值高，测量结果受引线的影响小，可用于远距离测量。它的过载能力强，成本低。但热敏电阻的阻值与温度为非线性关系，所以它只能在较窄的范围内用于精确测量。热敏电阻在一些精度要求不高的测量和控制装置中得到广泛应用。

1．热敏电阻的结构形式

　　用热敏电阻制成的探头有珠状、棒杆状、片状和薄膜等形式，封装外壳多用玻璃、镍和不锈钢等材料的套管结构，图 2-1-1 所示为热敏电阻的结构图，图 2-1-2 所示为热敏电阻的实物。

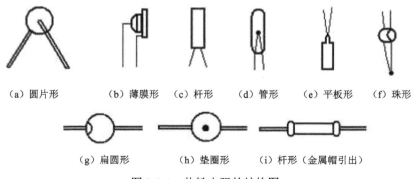

（a）圆片形　　（b）薄膜形　（c）杆形　　（d）管形　　（e）平板形　　（f）珠形

（g）扁圆形　　　　（h）垫圈形　　　（i）杆形（金属帽引出）

图 2-1-1　热敏电阻的结构图

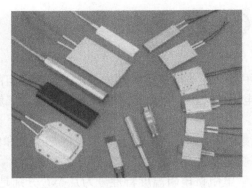

图 2-1-2　热敏电阻的实物

2．热敏电阻的温度特性

热敏电阻的温度特性是指半导体材料的电阻值随温度变化而变化的特性。

热敏电阻按电阻温度特性分为三类：

（1）负温度系数热敏电阻（NTC）：在工作温度范围内温度系数一般为（1～6）%/℃；

（2）正温度系数热敏电阻（PTC）：又分为开关型和缓变型，开关型在居里点的温度系数为（10～60）%/℃，缓变型一般为（0.5～8）%/℃。

（3）临界负温度系数热敏电阻（CTR）。

热敏电阻的温度特性曲线如图 2-1-3 所示。分析热敏电阻的温度特性曲线图可以得出下列结论：

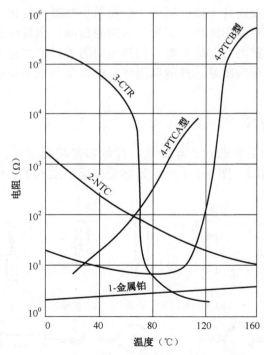

图 2-1-3　热敏电阻的温度特性曲线图

- 热敏电阻的温度系数值远远大于金属热电阻，所以灵敏度很高。
- 热敏电阻温度曲线非线性现象十分严重，所以其测量温度范围远小于金属热电阻。

1）正温度系数热敏电阻（PTC）

PTC 是 Positive Temperature Coefficient 的缩写，意思是正的温度系数，泛指正温度系数很大的半导体材料或元器件。PTC 是一种典型具有温度敏感性的半导体电阻，超过一定的温度（居里温度）时，它的电阻值随着温度的升高呈阶跃性的增高。该材料是以 $BaTiO_3$、$SrTiO_3$ 或 $PbTiO_3$ 为主要成分的烧结体，其中掺入微量的 Nb、Ta、Bi、Sb、Y、La 等氧化物进行原子价控制而使之半导体化，常将这种半导体化的 $BaTiO_3$ 等材料称为半导（体）瓷；同时还添加增大其正电阻温度系数的 Mn、Fe、Cu、Cr 的氧化物和起其他作用的添加物，采用一般陶瓷工艺成形、高温烧结而使钛酸铂等及其固溶体半导体化，从而得到正特性的热敏电阻材料。其温度系数及居里点温度随成分及烧结条件（尤其是冷却温度）不同而变化。

PTC 除用作加热元件外，同时还能起到"开关"的作用（如图 2-1-3 所示，PTCB 型热敏电阻的阻值随温度的升高初始没有什么变化，但温度达到 100℃ 左右后突然快速增加），兼有敏感元件、加热器和开关三种功能，称为"热敏开关"，电流通过元件后引起温度升高，即发热体的温度上升，当超过居里点温度后，电阻增加，从而限制电流增加，于是电流的下降导致元件温度降低，电阻值的减小又使电路电流增加，元件温度升高，周而复始，因此具有使温度保持在特定范围的功能，又起到开关作用。利用这种阻温特性做成加热源，作为加热元件应用的有暖风器、电烙铁、烘衣柜、空调等，还可对电器起到过热保护作用。

2）负温度系数热敏电阻（NTC）

NTC 是 Negative Temperature Coefficient 的缩写，意思是负的温度系数，泛指负温度系数很大的半导体材料或元器件。通常我们提到的 NTC 是指负温度系数热敏电阻。NTC 是一种典型具有温度敏感性的半导体电阻，它的电阻值随着温度的升高呈线性减小（图 2-1-3）。NTC 是以锰、钴、镍和铜等金属氧化物为主要材料，采用陶瓷工艺制造而成的。这些金属氧化物材料都具有半导体性质，因为在导电方式上完全类似锗、硅等半导体材料。温度低时，这些氧化物材料的载流子（电子和孔穴）数目少，所以其电阻值较高；随着温度的升高，载流子数目增加，所以电阻值降低。

NTC 特性：NTC 的阻值随温度升高而迅速减小。

$$R_T = R_N \exp B(1/T - 1/T_N) \tag{2-1}$$

式中，R_T——NTC 热敏电阻阻值。

　　　　R_N——在额定温度 T_N（K）时的 NTC 热敏电阻阻值。

　　　　T——规定温度（K）。

　　　　B——NTC 热敏电阻的材料常数，又叫热敏指数。

　　　　exp——以自然数 e 为底的指数（e=2.71828…）。

以 NTC 热敏电阻 MF52AT 型为例，如图 2-1-4 所示。

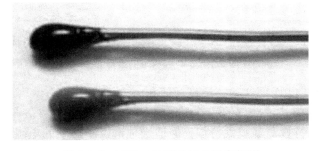

图 2-1-4　MF52AT 型热敏电阻实物图

MF52AT 型热敏电阻是采用新材料、新工艺生产的小体积的树脂包封型 NTC 热敏电阻，具有高精度和快速反应等优点，适用于空调设备、暖气设备、电子体温计、液位传感器、汽车电子、电子台历。它有以下特点：

- 测试精度高；
- 体积小、反应速度快；
- 能长时间稳定工作；
- 互换性、一致性好。

3）临界负温度系数热敏电阻（CTR）

临界负温度热敏电阻具有负电阻突变特性（图 2-1-3），在某一温度下，电阻值随温度的增加急剧减小，具有很大的负温度系数。其构成材料是钒、钡、锶、磷等元素氧化物的混合烧结体。它是半玻璃状的半导体，也称玻璃态热敏电阻。骤变温度随添加锗、钨、钼等氧化物的量而变。它可应用于温控报警等。

3．热敏电阻输出特性的线性化处理

由于热敏电阻温度曲线非线性严重，为保证一定范围内温度测量的精度要求，应进行线性化处理。线性化处理的方法有下面几种。

1）线性化网络

利用包含热敏电阻的电阻网络（常称线性化网络）来代替单个的热敏电阻，使网络电阻与温度成单值线性关系，最简单的方法是用温度系数很小的精密电阻与热敏电阻串联或并联构成电阻网络，其一般形式如图 2-1-5 所示。

图 2-1-5（a）中的热敏电阻 R_T 与补偿电阻 r_c 串联，串联后的等效电阻 $R=R_T+r_c$，只要 r_c 的阻值选择适当，可使温度在某一范围内与电阻的倒数成线性关系，所以电流 I 与温度 T 成线性关系。

图 2-1-5（b）中热敏电阻 R_T 与补偿电阻 r_c 并联，其等效电阻 $R = \dfrac{r_c R_T}{r_c + R_T}$。由图可知，$R$ 与温度的关系曲线显得比较平坦，因此可以在某一特定温度范围内得到线性的输出特性。

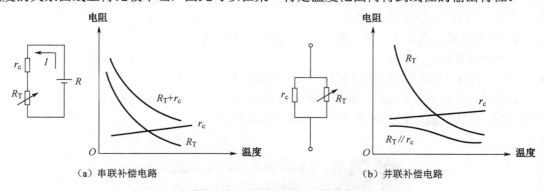

（a）串联补偿电路　　　　　　　　　　　　（b）并联补偿电路

图 2-1-5　电阻网络的一般形式

2）利用测量装置中其他部件的特性进行修正

利用电阻测量装置中其他部件的特性可以进行综合修正。图 2-1-6 是一个温度–频率转换电路，虽然电容 C 的充电特性是非线性特性，但适当地选取线路中的电阻，可以在一定的温度范围内得到近于线性的温度–频率转换特性。

3）计算修正法

在带有微处理器（或计算机）的测量系统中，当已知热敏电阻器的实际特性和要求的理想特性时，可采用线性插值法将特性分段，并把各分段点的值存放在计算机的存储器内。计算机将根据热敏电阻器的实际输出值进行校正计算，并给出要求的输出值。

4．热敏电阻的应用

1）对数二极管温度计

图 2-1-7 是采用热敏电阻 RT 和对数二极管 VD 串联构成的温度计的电路图。它利用对数二极管 VD 把热敏电阻 RT 的阻值变化（电流变化）变换为等间隔的信号，经运放 A 放大这一信号，其输出接到电压表，就可显示相应的温度，从而可构成线性刻度的温度计。

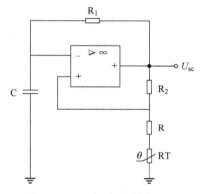

图 2-1-6　温度–频率转换电路

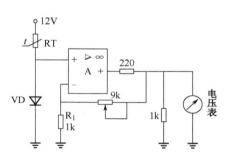

图 2-1-7　温度计的电路图

2）冰箱、冰柜的温度控制

冰箱、冰柜的温度传感器型号有 KC 系列，温控电路如图 2-1-8 所示，由热敏电阻 RT 检测当前温度并转化为阻值分压，输入 A_1 比较电路，与基准比较输出不同信号控制压缩机启动；A_2 构成关机检知电路，原理与 A_1 基本相同；A_1、A_2 周而复始地工作，达到控制冰箱、冰柜内温度的目的。

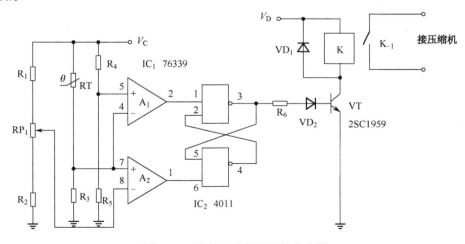

图 2-1-8　冰箱、冰柜的温控电路图

3）温度报警器

温度报警器电路如图 2-1-9 所示，常温下，调整 R_1 的阻值使斯密特触发器的输入端 A 处于低电平，则输出端 Y 处于高电平，无电流通过蜂鸣器，蜂鸣器不发声；当温度高时，热敏电阻 RT 阻值减小，斯密特触发器输入端 A 电势升高，当达到某一值（高电平），其输出端由高电平跳到低电平，蜂鸣器通电，从而发出报警声，R_1 的阻值不同，则报警温度不同。

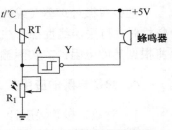

图 2-1-9　温度报警器电路

要使热敏电阻在感测到更高的温度时才报警，应减小 R_1 的阻值。R_1 阻值越小，要使斯密特触发器输入端达到高电平，则要求热敏电阻阻值就越小，即感测到的温度就越高。

5．A/D 转换器的工作原理

随着数字技术，特别是信息技术的飞速发展与普及，在现代控制、通信及检测等领域，为了提高系统的性能指标，对信号的处理广泛采用了数字计算机技术。由于系统的实际对象往往都是一些模拟量（如温度、压力、位移、图像等），要使计算机或数字仪表能识别、处理这些信号，必须首先将这些模拟信号转换成数字信号；而经计算机分析、处理后输出的数字量也往往需要将其转换为相应模拟信号才能被执行机构所接受。这样，就需要一种能在模拟信号与数字信号之间起桥梁作用的电路——模数转换器和数模转换器。

将模拟信号转换成数字信号的电路，称为模数转换器（简称 A/D 转换器或 ADC，全称为 Analog to Digital Converter），将数字信号转换为模拟信号的电路称为数模转换器（简称 D/A 转换器或 DAC，全称为 Digital to Analog Converter），A/D 转换器和 D/A 转换器已成为信息系统中不可缺少的接口电路。

1）A/D 转换的过程

A/D 转换包括采样、保持、量化和编码四个过程。在某些特定的时刻对这种模拟信号进行测量叫做采样，通常采样脉冲的宽度是很短的，所以采样输出是断续的窄脉冲。要把一个采样输出信号数字化，需要将采样输出所得的瞬时模拟信号保持一段时间，这就是保持过程。量化是将保持的抽样信号转换成离散的数字信号。编码是将量化后的信号编码成二进制代码输出。这些过程有些是合并进行的，例如，采样和保持就利用一个电路连续完成，量化和编码也是在转换过程中同时实现的，　且所用时间又是保持时间的一部分。

2）A/D 转换器的主要性能指标

分辨率：它表明 A/D 转换器对模拟信号的分辨能力，由它来确定能被 A/D 转换器辨别的最小模拟量变化。一般来说，A/D 转换器的位数越多，其分辨率则越高。实际的 A/D 转换器通常有 8、10、12 和 16 位等。

量化误差：在 A/D 转换中由于量化产生的固有误差，通常在 ±1/2LSB（最低有效位）之间。例如一个 8 位的 A/D 转换器，它把输入电压信号分成 $2^8=256$ 层，若它的量程为 0～3.3V，那么量化单位为 $q=$ 电压量程范围$/2^n=3.3V/256 \approx 0.0129V =12.9$ mV。这个 q 正好是 A/D 输出的数字量中最低位 LSB=1 时所对应的电压值。因而这个量化误差的绝对值是转换器的分辨率和满量程范围的函数。

转换时间：是 A/D 转换器完成一次转换所需要的时间。一般转换速度越快越好，常见有高速（转换时间<1μs）、中速（转换时间<1ms）和低速（转换时间<1s）等。

绝对精度：指的是对应于一个给定量，A/D 转换器的误差，其误差大小由实际模拟量输入值与理论值之差来度量。

相对精度：指的是满度值校准以后，任一数字输出所对应的实际模拟输入值（中间值）与理论值（中间值）之差再除以量程。例如，对于一个 8 位 0～3.3V 的 A/D 转换器，如果其相对误差为 1LSB，则其绝对误差为 12.9mV，相对误差为 0.39%。

A/D 转换电路中模拟电压经电路转后的 AD 值如下：

$$AD = \frac{U_A}{V_{DD}} 2^n = \frac{2^n}{V_{DD}} U_A \tag{2-2}$$

式中，n 为采用 A/D 转换的精度位数，V_{DD} 为转换电路的供电电压。传感器实验模块中精度为 8 位、供电电压为 3.3V。因此 AD=256/3.3 · U_A。

6. 认识温度传感模块

1）认识温度/光照传感模块电路

如图 2-1-10 所示为温度/光照传感模块电路图。

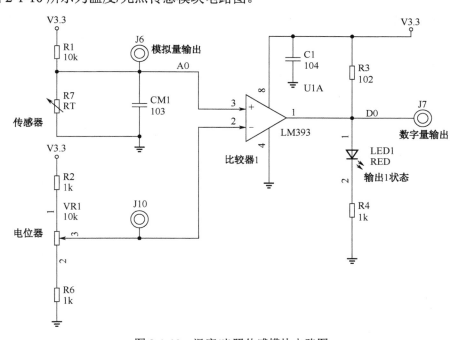

图 2-1-10　温度/光照传感模块电路图

如图 2-1-10 所示，LM393 是由两个独立的高精度电压比较器组成的集成电路，失调电压低，它专为获得宽电压范围、单电源供电而设计，也可以用双电源供电，而且无论电源电压大小，电源消耗的电流都很低。由 LM393 构成的双电压比较运放电路，两个电压信号分别通过 2、3 脚输入比较运放器，1 脚根据两脚的电源情况，输出相应的高电平或低电平。其中 2 脚输入电压为比较基准电压，可以通过调节 VR1 改变基准电压。3 脚输入电压受热敏电阻影响。调节 VR1，调节比较器 1 正端的输入电压，设置温度感应灵敏度，即阈值电压。当温度较低时，热敏电阻的阻值较高，采集热敏电阻两端的输出电压高于阈值电压，比较器 1 脚输出为高电平电压；当温度上升，热敏电阻的阻值下降，当采集热敏电阻两端的电压低于阈值电压时，比较器

1 脚输出低电平电压。

2）继电器模块电路

继电器是一种当输入量（电、磁、声、光、热）达到一定值时，输出量将发生跳跃式变化，使被控制的输出电路导通或断开的自动控制器件。可分为电气量（如电流、电压、频率、功率等）继电器及非电气量（如温度、压力、速度等）继电器两大类。它具有动作快、工作稳定、使用寿命长、体积小等优点，广泛应用于电力保护、自动化、运动、遥控、测量和通信等装置中。

继电器是一种电子控制器件，它具有控制系统（又称输入回路）和被控制系统（又称输出回路），通常应用于自动控制电路中，它实际上是用较小的电流去控制较大电流的一种"自动开关"。故在电路中起着自动调节、安全保护、转换电路等作用。

电磁式继电器一般由铁芯、线圈、衔铁、触点簧片等组成。只要在线圈两端加上一定的电压，线圈中就会流过一定的电流，从而产生电磁效应，衔铁就会在电磁力吸引的作用下克服返回弹簧的拉力吸向铁芯，从而带动衔铁的动触点与静触点（常开触点）吸合。当线圈断电后，电磁的吸力也随之消失，衔铁就会在弹簧的反作用力下返回原来的位置，使动触点与原来的静触点（常闭触点）吸合。这样吸合、释放，从而达到在电路中导通、切断的目的。对于继电器的"常开、常闭"触点，可以这样来区分：继电器线圈未通电时处于断开状态的静触点称为"常开触点"，处于接通状态的静触点称为"常闭触点"。

此温度测量模块中的继电器模块电路如图 2-1-11 所示。当 4 脚出现高电平时，继电器线圈 1、4 间得电，这时常开 2 脚闭合，常闭 3 脚断开。

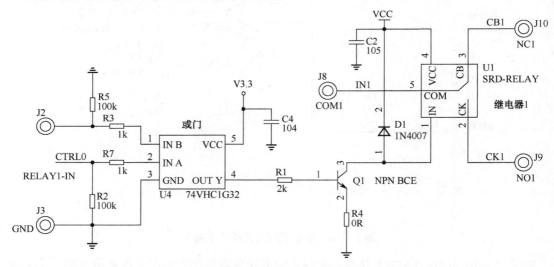

图 2-1-11　继电器模块电路图

1. 启动温度传感模块

温度传感模块工作时需要四个模块，分别是温度/光照传感模块、继电器模块、指示灯模块、风扇模块，如图 2-1-12 所示。指示灯模块用来模拟加热设备，当温度过低时，指示灯亮，加热设备开始工作，使电路工作在加热模式。风扇模块用来模拟排热设备，当温度过高时，风扇旋转，排热设备开始工作，使电路工作在排热模式。

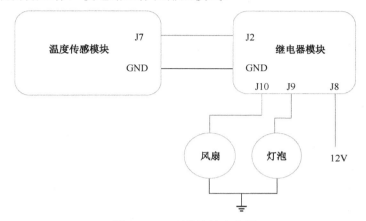

图 2-1-12　硬件连接参考图

将实验硬件平台通电并与 PC 连接。将温度传感模块、继电器模块、指示灯模块、风扇模块这四个模块连接好。

按下电源开关，启动实验设备，使温度传感模块开始工作。基准温度可通过调节温度传感器模块上的电位器改变，如果感应温度比基准温度低，则灯泡亮，进入加热模式；如果感应温度比基准温度高，则风扇旋转，进入排热模式。

2．测量数值

（1）设置基准温度的基准电压阀值。

温度传感模块，需要设置温度采集灵敏度的阈值，调零设置的方式如下。

① 调节电位器，改变比较器负端输入基准电压，从而改变基准温度，使得热敏电阻感应环境的温度比基准温度低，指示灯模块的灯点亮，工作在加热模式，注意，后续测试不可再调节电位器。

② 将数字式万用表的挡位调节至电压挡（直流 V 挡），将万用表的红表笔接入 J10 基准电压测试接口，黑表笔接入 GND 接口，测量比较器负端的基准电压 U_S 为＿＿＿＿＿＿。注意：表笔与接口位置要相同，如果位置相反，则检测结果数字应为负数。

（2）正常温度时的参数。

① 将数字式万用表的挡位调节至电压挡（直流 V 挡），红表笔接入 J6 模拟量输出接口，黑表笔接入 GND 接口，测量比较器正端输入电压，即热敏电阻两端的采集电压 U_A 为＿＿＿＿＿。

② 将数字式万用表的挡位和黑表笔位置保持不变，红色表笔接入 J7 数字量输出接口，测量比较器输出电压 U_D 为＿＿＿＿＿＿。

（3）加热升温时的参数。

① 利用加热设备让温度传感器受热，模拟温度上升的状态，电路进入排热模式。观察电路的变化情况，比较器输出指示灯的工作状态为＿＿＿＿＿＿＿＿＿＿＿，风扇的工作状态为＿＿＿＿＿＿。

② 测量此时的比较器的采集电压 U_A、输出电压 U_D 分别为＿＿＿＿＿、＿＿＿＿＿。

（4）停止受热后，观察电路的变化情况，并记录。

3. 任务数据分析

（1）将上述测试结果填入表 2-1-1 中。

表 2-1-1　温度传感模块的数据表

项　目＼内　容	加热模式温度正常 电压值	受热升温后的排热模式 电压值
J10 基准电压		
J6 模拟量输出		
J7 数字量输出		
风扇工作状态		
比较器输出指示灯工作状态		
停止受热后的情况		

（2）分析表 2-1-1 中的数据。

① 比较器 1 的作用是_____。

② 阈值与温度感应的关系情况分析_____。

2.2　获取红外传感器数据任务

任务要求

- 了解光电效应；
- 了解光敏二极管、光敏晶体管的工作原理；
- 了解红外光电传感器的结构和工作原理；
- 了解红外传感模块的原理并掌握其测量方法。

任务分析

本节主要介绍光电效应、光敏晶体管的工作原理、红外光电传感器、红外传感模块等，使读者了解光电效应，光敏二极管、光敏晶体管的工作原理，红外光电传感器的结构和工作原理，红外传感模块的原理并掌握其测量方法。

建议读者带着以下问题进行本项任务的学习和实践：

- 什么是光电效应？
- 光敏晶体管的工作原理是什么？
- 红外传感模块是什么？
- 如何进行红外传感的测量？
- 红外传感的应用有哪些？

光电传感器是将光通量转换为电量的一种传感器，它利用了光电转换元件的光电效应。

1．什么是光电效应

光电效应是光电器件的理论基础。光可以认为是由具有一定能量的粒子（一般称为光子）所组成的，而每个光子所具有的能量 E 与其频率大小成正比。光照射在物体表面上就可以看成物体受到一连串能量为 E 的光子轰击，而光电效应就是由于该物质吸收了光子能量为 E 的光后产生的电效应。通常把光线照射到物体表面后产生的光电效应分为三类。

1）外光电效应

在光线作用下能使电子逸出物体表面的称为外光电效应。例如光电管、光电倍增管等就是基于外光电效应的光电器件。

2）内光电效应

在光线作用下能使物体电阻率改变的称为内光电效应，又称光电导效应。例如光敏电阻就是基于内光电效应的光电器件。

3）半导体光生伏特效应

在光线作用下能使物体产生一定方向电动势的称为半导体光生伏特效应。例如光电池、光敏晶体管就是基于半导体光生伏特效应的光电器件。

基于外光电效应的光电器件属于真空光电器件，基于内光电效应和半导体光生伏特效应的光电器件属于半导体光电器件。

2．光敏晶体管的工作原理

1）光敏二极管

光敏二极管和普通二极管虽然都属于单向导电的非线性半导体器件，但光敏二极管在结构上有其特殊的地方，光敏二极管是基于半导体光生伏特效应的原理制成的光敏元件。光敏二极管在电路中的符号如图 2-2-1（a）所示。光敏二极管在电路中一般处于反向接入状态，即正极接电源负极，负极接电源正极，如图 2-2-1（b）所示。在没有光照时，光敏二极管的反向电阻很大，反向电流很微弱，称为暗电流。当有光照时，光子打在 PN 结附近，于是在 PN 结附近产生电子-空穴对，它们在 PN 结内部电场作用下作定向运动，形成光电流。光照越强，光电流越大。所以，在不受光照射时，光敏二极管处于截止状态，受到光照时，二极管处于导通状态。

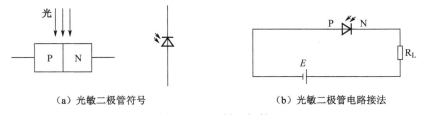

（a）光敏二极管符号　　　　　　　　　（b）光敏二极管电路接法

图 2-2-1　光敏二极管

2）光敏三极管

（1）工作原理。

光敏三极管如图 2-2-2 所示，它和普通三极管相似，也有电流放大作用，只是它的集电极电流不只受基极电路和电流控制，同时也受光辐射的控制。通常基极不引出，有一些光敏三极管的基极有引出，用于温度补偿和附加控制等。当具有光敏特性的 PN 结受到光辐射时，形成光电流，由此产生的光生电流由基极进入发射极，从而在集电极回路中得到一个放大了 β 倍的信号电流。不同材料制成的光敏三极管具有不同的光谱特性，与光敏二极管相比，具有很大的光电流放大作用，具有更高的灵敏度。

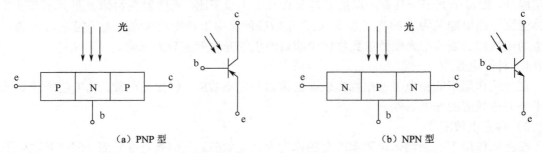

（a）PNP 型　　　　　　　　　　　（b）NPN 型

图 2-2-2　光敏三极管

（2）基本特征。

① 光谱特性。光敏三极管对于不同波长 λ 的入射光，其相对灵敏度 K_r 是不同的。如图 2-2-3 所示为两种光敏三极管的光谱特性曲线。由于锗管的暗电流比硅管大，故一般锗管的性能比较差。所以在探测可见光或赤热状态物体时，都采用硅管；但探测红外光时，锗管比较合适。

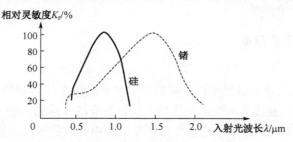

图 2-2-3　两种光敏三极管的光谱特性曲线

② 伏安特性。光敏三极管在不同照度 E_e 下的特性，与一般三极管在不同基极电流时的输出特性一样，只要将入射光在发射极和基极之间的 PN 结附近所产生的光电流看作基极电流，就可以将光敏三极管看作一般的三极管。

③ 光照特性。光敏三极管的输出电流 I_c 与照度 E_e 之间的关系可近似看作线性关系，如图 2-2-4 所示。当光照足够大时（几千 LUX），会出现饱和现象。因此光敏三极管既可作为线性转换元件，也可以作为开关元件。

④ 温度特性。温度特性表示温度与暗电流及输出电流之间的关系，如图 2-2-5 所示为光敏三极管的温度特性曲线。由图可见，温度变化对输出电流的影响较小，主要由光照度决定；而暗电流随温度变化很大，所以在应用时应在线路上采取温度补偿措施。

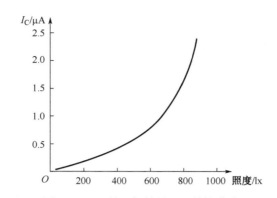

图 2-2-4　光敏三极管的光照特性曲线

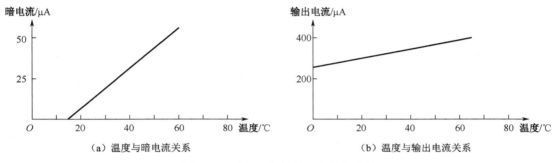

（a）温度与暗电流关系　　　　　　　（b）温度与输出电流关系

图 2-2-5　光敏三极管的温度特性曲线

3．红外光电传感器

光电开关和光电断续器都是采用红外光的光电式传感器，都由红外发射元件与光敏接收元件组成。它们可用于检测物体的靠近、通过等状态，是一种用于数字量检测的常用器件。如果配合继电器就构成了一种电子开关，如图 2-2-6 所示为基本的光电开关电路。

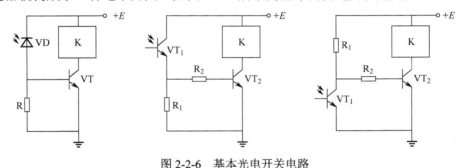

图 2-2-6　基本光电开关电路

从原理上讲，光电开关和光电断续器没有太大的差别；但光电断续器是整体结构，将红外光发射器、接收器放置于一个体积很小的塑料壳体中，两者能可靠地对准，检测距离只有几毫米至几十毫米，光电断续器如图 2-2-7 所示，可以分为对射型和反射型两种。

1）对射型红外光电传感器

以对射型红外光电传感器 LTH-301-32 为例，如图 2-2-7（a）所示。没有外界物体影响时传感器发光元件发射红外线被光电元件接收，当有物体从发射器和接收器两者中间通过时，红外光束被阻断，接收器接收不到红外线而产生一个电脉冲。

2）反射型红外光电传感器

以反射型红外光电传感器 ITR20001/T 为例，如图 2-2-7（b）所示。它的工作波长为 940nm，没有外界物体影响时传感器发光元件发射的红外线不会被光电元件接收，当有物体接近传感器时，红外光束被物体发射，接收器接收到红外线而产生一个电脉冲。

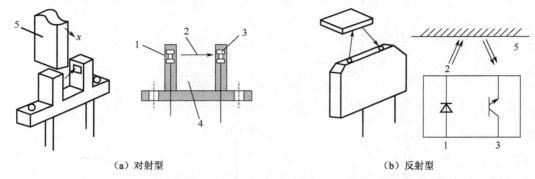

（a）对射型　　　　　　　　　　　　　　　　　　（b）反射型

1—红外发光元件；2—红外光；3—光电元件；4—槽；5—被测物

图 2-2-7　光电断续器

光电断续器红外 LED 可以直接用直流电驱动，其正向压降为 1.2～1.5V，驱动电流控制在几十毫安；接收器一般采用光敏二极管或光敏三极管。它是价格便宜、结构简单、性能可靠的光电器件，被广泛应用于自动控制系统、设备检测中。

光电开关的检测距离可达数十米。红外光发射器一般用功能较大的红外 LED，接收器可采用光敏三极管、光敏达林顿三极管或光电池。为了防止日光灯的干扰，可在光敏元件表面放置红外滤光透镜；其次 LED 可用高频脉冲电流驱动，从而发射调制光脉冲，可以有效防止太阳光的干扰。光电开关广泛应用于自动化机械装置中。

4．红外传感模块认识

红外对射传感模块电路如图 2-2-8 所示。用两个红外对射传感模块来模拟停车场出入口的管理，没有汽车通过传感器时，红外光被感应，接收器导通，D3 为低电平状态；当有汽车通过传感器时，红外光被挡住，接收器截止，D3 为高电平状态。

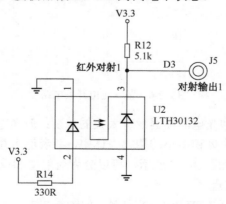

图 2-2-8　红外对射传感模块电路

红外反射传感模块的电路如图 2-2-9 所示。利用两个红外反射传感模块来实现停车场的停车位管理，没有汽车在停车位上时，红外光不会被反射，接收器截止，比较器的采集电压比基准电压高，D1 输出为高电平状态；当汽车在停车位上时，红外光被反射，接收器接收红外光并导通，比较器的采集电压比基准电压低，D1 输出为低电平状态。

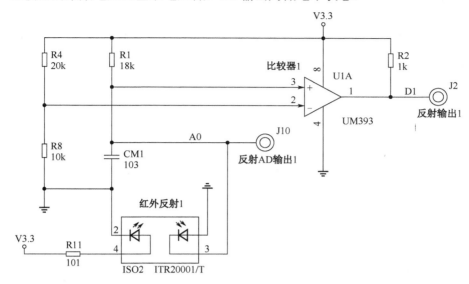

图 2-2-9　红外反射传感模块电路

1. 搭建硬件环境

将红外传感模块放置在实验平台上，并将实验平台通电。

2. 红外对射传感模块测试

（1）将数字式万用表的挡位调节至电压挡（直流 V 挡），将万用表的红表笔接入 J5 对射输出 1 接口，黑表笔接入 J4GND 接口，观测红外对射传感模块 1 的情况。

（2）测量红外对射传感模块 1 的输出电压为_____。注意：表笔与接口位置要相同，如果位置相反，则检测结果数字应为负数。

（3）万用表的挡位和红黑表笔位置保持不变，将一遮挡物放在红外对射传感模块中间，使得红外线被阻断，光敏元件无法接收到红外线。测量被阻断后红外对射传感模块的输出电压为_____。

3. 红外反射传感模块测试

（1）将万用表的红表笔接到 J2 反射输出 1 接口，黑表笔接入 J4GND 接口，观测红外反射传感模块 1 的情况。注意：红表笔不要插入接口太多，表笔外沿靠近红外反射器会形成遮挡效果。

（2）测量红外反射传感模块的输出电压 U_{A1}，则 U_{A1} 为_____。

（3）将红表笔移到对应反射 AD 输出接口，测量反射 AD 输出电压 U_{D1}，则 U_{D1} 为____。

（4）万用表的挡位和红黑表笔位置保持不变，将一遮挡物放在红外反射传感模块上方，红外线被反射，光敏元件接收到红外线。测量阻断后红外反射传感模块的反射 AD 输出电压为_____，请将观察到的数据填入表格 2-2-1 中。注意：阻挡片不要直接靠近最近端，应由远及近，观测电压的变化情况。

（5）将万用表的红表笔移到发射输出接口，测量被阻挡后反射输出电压 U_{A1} 为_____。

4．任务数据分析

（1）将上述测试结果填入表 2-2-1。

表 2-2-1　红外传感模块的数据表

项　目 ＼ 内　容	未阻断 电压值	被阻挡 电压值
J5 对射输出 1 接口		
J6 对射输出 2 接口		
J2 反射输出 1 接口		
J3 反射输出 2 接口		
J10 反射 AD 输出 1 接口		
J11 反射 AD 输出 2 接口		

（2）分析表 2-2-1 中的数据。

① 红外光被阻挡对红外对射传感模块的影响是_____。

② 红外光被阻挡对红外反射传感模块的影响是_____。

2.3　获取霍尔传感器数据任务

● 了解霍尔传感器的检测原理；
● 了解霍尔传感器的检测电路及方法；
● 了解霍尔传感模块的原理并掌握其测量方法。

本节主要介绍霍尔效应及霍尔元件、霍尔元件的测量误差及补偿方法、霍尔集成电路、霍尔磁传感器模块等，使读者了解霍尔传感器的检测原理，了解霍尔传感器的检测电路及方法，了解霍尔传感模块的原理并掌握其测量方法。

建议读者带着以下问题进行本项任务的学习和实践：

● 什么是霍尔效应？
● 哪些材料可作为霍尔元件材料？
● 什么是霍尔传感模块电路板？
● 如何进行霍尔传感器的测量？

● 霍尔传感器的应用有哪些？

1. 霍尔效应及霍尔元件

1）霍尔效应

置于磁场中的静止金属或半导体薄片，当有电流流过时，若该电流方向与磁场方向不一致，则在垂直于电流和磁场的方向上将产生电动势，这种物理现象称为霍尔效应。如图 2-3-1 所示，在垂直于外磁场 B 的方向上放置一金属或半导体薄片，其两端通过控制电流 I，方向如图所示，那么在垂直于电流和磁场的另两端就会产生电动势 U_H，U_H 的大小正比于控制电流 I 和磁感应强度 B。利用这一霍尔效应制成的传感元件称为霍尔元件。

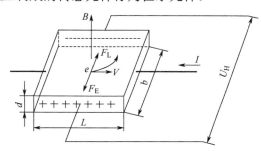

图 2-3-1 霍尔效应原理图

霍尔效应的产生是运动电荷受磁场中洛伦兹力作用的结果。当运动电子所受的电场作用力 F_E 和洛伦兹力 F_L 相等时，电子的积累达到平衡状态，这样，在薄片两端建立电场 E_H，称为霍尔电场，相应的电势 U_H 称为霍尔电势。其计算过程如下：

因为
$$F_L=eBv \tag{2-3}$$
$$F_E=eE_H \tag{2-4}$$

所以
$$E_H=vB \tag{2-5}$$

若金属导电板单位体积内电子数为 n，电子定向运动平均速度为 v，则激励电流
$$I=nevbd \tag{2-6}$$

将式（2-6）代入式（2-5）得
$$E_H=\frac{IB}{bdne} \tag{2-7}$$

则霍尔电势
$$U_H=bE_H=\frac{IB}{ned} \tag{2-8}$$

令 $R_H=1/(ne)$，称之为霍尔常数，得
$$U_H = R_H\frac{IB}{d} = K_H IB \tag{2-9}$$

由式（2-9）可见，霍尔电势正比于激励电流及磁感应强度，其灵敏度与霍尔常数成正比而与霍尔片厚度成反比。为了提高灵敏度，霍尔元件常制成薄片形状。

目前常用的霍尔元件材料有锗、硅、砷化铟、锑化铟等半导体材料，其中 N 型锗容易加工制造，其霍尔系数、温度性能和线性度都较好，应用最为普遍。

2）霍尔元件基本结构

霍尔元件的结构很简单，它由霍尔片、引线和壳体组成[图 2-3-2（a）]。霍尔片是矩形半导体单晶薄片[图 2-3-2（b）]，国产霍尔片的尺寸一般为 4mm×2mm×0.1mm。在元件长度方向的两个端面上焊有 a、b 两根控制电流端引线，通常用红色导线，称为控制电流级；在元件的另两侧端面的中间以点的形式对称地焊接 c、d 两根霍尔端输出引线，通常用绿色导线，称为霍尔电极。霍尔元件的壳体采用非导磁金属、陶瓷或环氧树脂封装。

霍尔元件在电路中可用如图 2-3-2（c）所示的三种符号表示。标注时，国产元件常用 H 代表霍尔元件，后面的字母代表元件的材料，数字代表产品序号。如 HZ-1 型元件，表示用锗材料制造的霍尔元件；HT-1 型元件，表示用锑化铟制作的霍尔元件；HS-1 型元件，表示用砷化铟制作的霍尔元件。

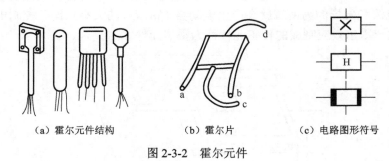

（a）霍尔元件结构　　　　（b）霍尔片　　　　（c）电路图形符号

图 2-3-2　霍尔元件

3）霍尔元件的主要技术参数

（1）霍尔灵敏度系数 K_H。

它是指在单位磁感应强度下，通过单位控制电流所产生的霍尔电动势。

（2）额定控制电流 I_c。

霍尔元件因通电流而发热。额定控制电流是使霍尔元件在空气中产生 10℃温升的控制电流。I_c 的大小与霍尔元件的尺寸有关：尺寸越小，I_c 越小，一般为几毫安到几十毫安，最大的可达几百毫安。

（3）输入电阻 R_i。

它是指在规定条件下（磁感应强度为零且环境温度在 20±5℃），元件的两控制极（输入端）之间的等效电阻。

（4）输出电阻 R_o。

它是指在规定条件下（磁感应强度为零且环境温度在 20±5℃），两个霍尔电极（输出端）之间的等效电阻。

（5）不等位电势 U_0 和不等位电阻 r_0。

霍尔元件在额定电流作用下，当外加磁场为零时，霍尔输出端之间的开路电压称为不等位电势，它与电极的几何尺寸和电阻率不均匀等因素有关。要完全消除霍尔元件的不等位电势很困难，一般要求 $U_0 \leqslant 1mV$。不等位电势与额定电流之比称为不等位电阻 r_0，r_0 越小越好。

（6）寄生直流电势 U。

在外加磁场为零、霍尔元件用交流激励时，霍尔电极输出除了交流不等位电势外，还有一直流电势，称为寄生直流电势，它主要是电极与基片之间接触不良，形成非欧姆接触，所产生的整流效应造成的。

（7）霍尔电势的温度系数 α。

它是指在一定磁场强度和控制电流作用下，温度每变化 1℃，霍尔电势变化的百分数。它与霍尔元件的材料有关。

2．霍尔元件的测量误差及补偿方法

由于制造工艺问题，以及实际使用时存在的各种不良因素，都会影响霍尔元件的性能，从而产生误差，其中最主要的误差有：不等位电势带来的零位误差，以及由温度变化产生的温度误差。

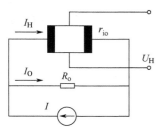

图 2-3-3　温度补偿电路

半导体材料的电阻率、迁移率和载流子浓度等都随温度变化，对温度的变化很敏感，霍尔元件的性能参数（如输入电阻、输出电阻、霍尔电势等）都会随温度的变化而变化，这将给测量带来较大的误差，为了减少这一测量误差，除选用温度系数小的元件或采用恒温措施外，还可以采用适当的方法进行补偿。

采用恒流源提供恒定的控制电流可以减小温度误差，但元件的霍尔灵敏度系数也是温度的系数，对于具有正温度系数的霍尔元件，可在元件控制极并联分流电阻来提高温度稳定性，如图 2-3-3 所示。

3．霍尔集成电路

随着集成技术的发展，用集成电路工艺把霍尔元件和相关的信号处理部件集成在一个单片上制成的单片集成霍尔元件，称为集成霍尔元件。霍尔集成电路按照输出信号的形式，可分为开关型和线性型两种。

1）开关型霍尔集成电路

开关型霍尔集成电路是把霍尔元件的输出经过处理后输出一个高电平或低电平的数字信号。这种集成电路一般由霍尔元件、稳压电路、差分放大器、施密特触发器及集电极开路输出门电路等组成，其电路框图如图 2-3-4 所示。

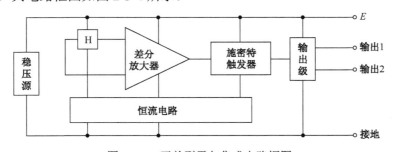

图 2-3-4　开关型霍尔集成电路框图

各部分电路的功能如下。

① 稳压源：进行电压调整。电源电压在 4.5～24V 变化时，输出稳定。该电路还具有反向电压保护功能。

② 霍尔元件：将磁信号转变为电信号后送给下级电路。

③ 差分放大器：用于将霍尔元件产生的微弱的电信号进行放大处理。

④ 施密特触发器：用于将放大的模拟信号转变为数字信号后输出，以实现开关功能（输

出为矩形脉冲）。

⑤ 恒流电路：作用主要是进行温度补偿，保证温度在-40～+130℃变化时，电路仍可正常工作。

⑥ 输出级：通常设计成集电极开路输出结构，带负载能力强，接口方便，输出电流可达 20mA 左右。

以霍尔传感器 A3144 为例，图 2-3-5 所示为霍尔传感器 A3144 的实物、内部结构和特性曲线图。它是宽温的开关型霍尔传感器，其工作温度范围可达-40～150℃。它由电压调整电路、反相电源保护电路、霍尔元件、温度补偿电路、微信号放大器、施密特触发器和 OC 门输出级构成，通过使用上拉电路可以将其输出接入 CMOS 逻辑电路。该芯片具有尺寸小、稳定性好、灵敏度高等特点。该传感器的输出开关信号可直接用于驱动继电器、三端双向晶闸管、LED 等负载。

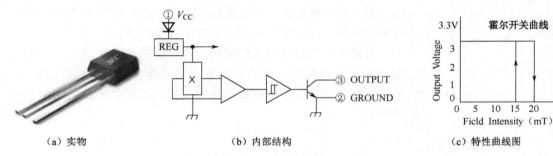

（a）实物　　　　　　　　　（b）内部结构　　　　　　　　　（c）特性曲线图

图 2-3-5　霍尔传感器 A3144

2）线性型霍尔集成电路

线性型霍尔集成电路通常由霍尔元件、差分放大器、射极跟随输出及稳压电路四部分组成，其输出电压与外加磁场强度呈线性比例关系，它有单端输出和双端输出两种形式，电路如图 2-3-6 所示。单端输出的传感器是一个三端器件，它的输出电压对外加磁场的微小变化能做出线性响应，典型型号有 UGN-3501T、UGN-3501U 两种，区别只是厚度不同，T 型厚度为 2.03mm，U 型厚度为 1.54mm。

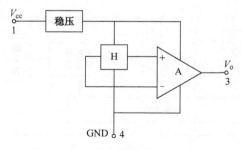

图 2-3-6　线性型霍尔集成电路

以霍尔传感器 SS49E 为例，图 2-3-7 所示为霍尔传感器 SS49E 的实物、内部结构和特性曲线图。它是一款体积小、功能多的线性霍尔效应器件，它在永久磁铁或电磁铁产生的磁场控制下工作。线性输出电压由电源电压设置并随磁场强度的变化而等比例改变。先进的内置功能电路设计确保了它的低输出噪声，从而使得该器件的使用无须搭配外部滤波电路。内置薄膜电阻大大增强了器件的温度稳定性和输出精度。其工作温度范围为-40～150℃，适用于绝大多数消费、商业及工业应用。

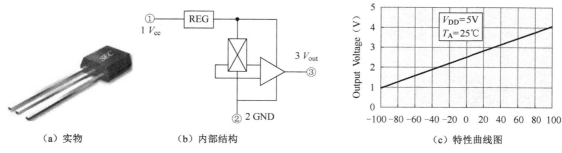

（a）实物　　　　（b）内部结构　　　　（c）特性曲线图

图 2-3-7　霍尔传感器 SS49E

优点和特性：

- 4.5～6V 的工作电压范围；
- 微型系统架构；
- 低噪声输出；
- 磁优化封装；
- 准确的线性输出为外围电路的设计提供了更多灵活性；
- 工作温度范围宽达-40～150℃。

4．认识霍尔传感模块

霍尔传感模块包含霍尔线性传感元件电路和霍尔开关传感元件电路两部分。

霍尔线性传感元件电路主要由霍尔线性元件电路构成，如图 2-3-8（a）所示为一个霍尔线性传感元件电路。从霍尔线性曲线看，当磁场增大时，霍尔线性元件电路输出电压也会增加。当区域磁场发生变化时，四个霍尔线性元件电路构成的模块可比较清晰地反应出该区域的磁场变化情况。

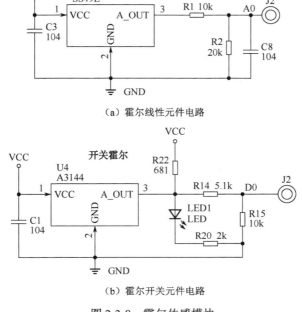

（a）霍尔线性元件电路

（b）霍尔开关元件电路

图 2-3-8　霍尔传感模块

霍尔开关传感元件电路主要由霍尔开关元件电路构成，如图 2-3-8（b）所示为一个霍尔开关元件电路。从霍尔开关曲线看，当磁场增大到一定程度时，霍尔开关元件电路输出电压发生跳变，从高电平变成低电平。

1．启动霍尔传感模块

将霍尔传感模块放置在实验平台上，并将实验平台通电。

2．霍尔线性传感模块测试

（1）将数字式万用表的挡位调节至电压挡（直流 V 挡），将万用表的红表笔接入霍尔线性元件电路 J4 接口，黑表笔接入 GND 接口，观测霍尔线性元件的工作情况。注意：表笔与接口位置要相同，如果位置相反，则检测结果数字应为负数。

（2）测量霍尔线性元件电路输出的电压 U_{A1}，则 U_{A1} 为_____。

（3）万用表的挡位和黑表笔保持不变，将磁铁 S 极移到霍尔线性元件上方，再次测量磁场变化后的 J4 输出电压，此时 U_{A1} 为_____。

（4）将磁铁 N 极移到霍尔线性元件上方，再次进行测量。此时 U_{A1} 为_____。

3．霍尔开关传感模块测试

（1）将数字式万用表的挡位调节至电压挡（直流 V 挡），将万用表的红表笔接入霍尔开关元件电路的 J2 接口，黑表笔接入 GND 接口，观测霍尔开关元件的工作情况。

（2）测量霍尔开关元件的比较器输出电压 U_{D1}，则 U_{D1} 为_____。

（3）数字式万用表的挡位和表笔保持不变，将磁铁 S 极移到霍尔开关元件位置，测量此时霍尔开关元件的比较器输出电压 U_{D1} 为_____。

（4）观察电路中霍尔开关指示灯 LED1 的变化情况：_____。

（5）将磁铁 N 极靠近霍尔开关元件，对霍尔开关电路和场景的影响是_____。

4．任务数据分析

（1）将上述测试结果填入表 2-3-1。

表 2-3-1　霍尔传感模块的数据表

项　目　　内　容	没磁场影响 电压	S 极磁场影响 电压	N 极磁场影响 电压
J4 线性 AD 输出 1			
J2 霍尔开关输出 1			
霍尔开关指示灯			

（2）分析表 2-3-1 中的数据。

根据表 2-3-1 中的数据分析，完成下列关系的填写：

① S 极磁场强度对霍尔线性元件的输出电压的影响是_____。

② N 极磁场强度对霍尔线性元件的输出电压的影响是_____。

③ S 极磁场强度对霍尔开关元件的输出电压的影响是_____。

④ N 极磁场强度对霍尔开关元件的输出电压的影响是_____。

2.4 获取压电传感器数据任务

● 了解压电传感器的检测原理；
● 掌握压电传感器的检测电路及方法；
● 了解压电传感模块的原理并掌握其测量方法。

本节主要介绍压电传感器的工作原理、压电材料、测量电路、压电传感模块等，使读者了解压电传感器的检测原理，掌握压电传感器的检测电路及方法，了解压电传感模块的原理并掌握其测量方法。

建议读者带着以下问题进行本项任务的学习和实践：

● 压电传感器的工作原理是什么？
● 哪些材料可作为压电元件材料？
● 什么是压电传感模块电路板？
● 如何进行压电传感模块的测量？
● 压电传感的应用有哪些？

压电传感器是将被测量变化转换成材料受机械力产生静电电荷或电压变化的传感器，是一种典型的、有源的、双向机电能量转换型传感器或自发电型传感器。压电元件是机电转换元件，它可以测量最终能变换为力的非电物理量，例如力、压力、加速度等。

压电式传感器刚度大、固有频率高，一般都在几十千赫兹以上，配有适当的电荷放大器，能在 0～10kHz 的范围内工作，尤其适用于测量迅速变化的参数；其测量值可大到上百吨力，小到几克力。近年来压电测试技术发展迅速，特别是电子技术的迅速发展，使压电传感器的应用越来越广泛。

1. 压电传感器的工作原理

1）压电效应

某些晶体（如石英等）在一定方向的外力作用下，不仅几何尺寸会发生变化，而且晶体内部会发生极化现象，晶体表面上有电荷出现，形成电场。当外力去除后，表面又恢复到不带电状态，这种现象被称为压电效应（图 2-4-1）。

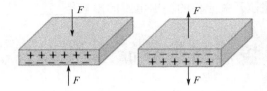

图 2-4-1　压电效应示意图

表达这一关系的压电方程如式（2-10）所示。

$$Q=d\times F \tag{2-10}$$

式中，F——作用的外力；

　　　Q——产生的表面电荷；

　　　d——压电系数，是描述压电效应的物理量。

具有压电效应的电介质物质称为压电材料。在自然界中，大多数晶体都具有压电效应。

压电效应是可逆的，若将压电材料置于电场中，其几何尺寸也会发生变化。这种由于外电场作用下，导致压电材料产生机械变形的现象，称为逆压电效应或电致伸缩效应。

由于在压电材料上产生的电荷只有在无泄漏的情况下才能保存，因此压电传感器不能用于静态测量。压电材料在交变力作用下，电荷可以不断补充，以供给测量回路一定的电流，所以可适用于动态测量。

压电元件具有自发电和可逆两种重要性能，因此，压电传感器是一种典型的"双向"传感器。它的主要缺点是无静态输出，阻抗高，需要低电容、低噪声的电缆。

2）等效电路

当压电传感器的压电元件受力时，在电极表面就会出现电荷，且两个电极表面聚集的电荷量相等，极性相反，如图 2-4-2（a）所示。因此，可以把压电传感器看成一个电荷源（静电荷发生器），而压电元件是绝缘体，在这一过程中，它又可以看成一个电容器，如图 2-4-2（b）所示，其电容量为

$$C_a=\frac{\varepsilon S}{\delta}=\frac{\varepsilon_r \varepsilon_0 S}{\delta} \tag{2-11}$$

式中，S——压电元件电极面的面积，单位为 m^2；

　　　δ——压电元件厚度，单位为 m；

　　　ε——压电材料的介电常数，单位为 F/m，它随材料不同而不同，如锆钛酸铅的 ε=2000～2400；

　　　ε_r——压电材料的相对介电常数；

　　　ε_0——真空介电常数 ε_0=8.85×10^{-12}F/m。

两极间开路电压为

$$U=Q/C_a \tag{2-12}$$

因此，压电传感器可以等效为一个与电容并联的电荷源，如图 2-4-2（c）所示；也可等效为一个与电容串联的电压源，如图 2-4-2（d）所示。

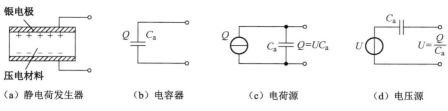

（a）静电荷发生器　　　（b）电容器　　　（c）电荷源　　　（d）电压源

图 2-4-2　压电传感器等效电路

压电传感器在测量时要与测量电路相连接，所以实际传感器就得考虑连接电缆电容、放大器输入电阻 R_i 和输入电容 C_i，以及压电传感器的泄漏电阻 R_a。考虑这些因素后，压电传感器的实际等效电路如图 2-4-3 所示，它们的作用是等效的。

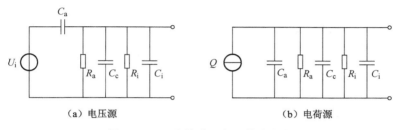

（a）电压源　　　　　　　　　　　（b）电荷源

图 2-4-3　压电传感器实际等效电路

2. 压电材料

1）压电材料选择的原则

选择合适的压电材料是压电传感器的关键，一般应考虑以下主要特性进行选择。

● 具有较大的压电常数。

● 压电元件机械强度高、刚度大并具有较高的固有振动频率。

● 具有高的电阻率和较大的介电常数，以减少电荷的泄漏及外部分布电容的影响，获得良好的低频特性。

● 具有较高的居里点。居里点是指在压电性能破坏时的温度转变点。居里点高可以得到较宽的工作温度范围。

● 压电材料的压电特性不随时间变化，有较好的时间稳定性。

2）常见压电材料

压电材料可以分为两大类：压电晶体和压电陶瓷。前者为晶体，后者为极化处理的多晶体。它们都具有较大的压电常数，机械性能良好，时间稳定性好，温度稳定性好等，所以是较理想的压电材料。

常见的压电材料有以下几种。

（1）石英晶体。

石英晶体有天然和人工制造两种类型，如图 2-4-4 所示。人工制造的石英晶体的物理、化学性质与天然石英晶体没多大区别，因此目前广泛应用成本较低的人造石英晶体。它在几百摄氏度的温度范围内，压电系数不随温度变化。石英晶体的居里点为 573℃，即到 573℃时，它将完全丧失压电性质。它有较大的机械强度和稳定的机械性能，没有热释电效应；但灵敏度很低，介电常数小，因此逐渐被其他压电材料所代替。

图 2-4-4　天然和人工制造的石英晶体

（2）铌酸锂晶体。

铌酸锂是一种透明单晶，熔点为 1250℃，居里点为 1210℃。它具有良好的压电性能和时间稳定性，在耐高温传感器上有广泛的用途。

（3）压电陶瓷。

压电陶瓷一种应用普遍的压电材料，如图 2-4-5 所示。它具有烧制方便、耐湿、耐高温、易于成形等特点。常见的压电陶瓷及其性能如下。

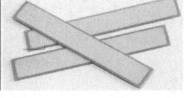

图 2-4-5　压电陶瓷

① 钛酸钡压电陶瓷。钛酸钡（$BaTiO_3$）是由 $BaCO_3$ 和 TiO_2 在高温下合成的，具有较高的压电系数和介电常数，但它的居里点较低，为 120℃，此外机械强度不如石英。

② 锆钛酸铅系压电陶瓷（PZT）。锆钛酸铅是 $PbTiO_3$ 和 $PbZrO_3$ 组成的固溶体 $Pb(ZrTi)O_3$，它具有较高的压电系数和居里点（300℃以上）。

③ 铌镁酸铅压电陶瓷（PMN）。这是一种由三元素组成的新型陶瓷，它具有较高的压电系数和居里点（260℃），能够在较高的压力下工作，适合作为高温下的压力传感器。

（4）压电半导体。

有些晶体既具有半导体特性又同时具有压电性能，如 ZnS、GaS、GaAs 等。因此既可利用它的压电特性研制传感器，又可利用半导体特性以微电子技术制成电子器件。两者结合起来，就出现了集转换元件和电子线路为一体的新型传感器，它的前途是非常远大的。

（5）高分子压电材料。

高分子压电材料大致可分为两类，一类是某些高分子聚合物经延展拉伸后，具有压电性，称为压电薄膜，如聚氟乙烯（PVF）、聚氯乙烯（PVC）、聚 γ 甲基-L 谷氨酸脂（PMG）、聚碳酸脂、聚偏二氟乙烯（PVDF 或 PVF2）和聚氨脂等。这是一种柔软的压电材料，不易破碎，可以大量生产和制成较大面积。另一类是在高分子化合物中加入压电陶瓷粉末（如 PZT 或 $BaTiO_3$）制成的高分子压电陶瓷薄膜，这种复合材料保持了高分子压电薄膜的柔软性，又具有较高的压电系数和机电耦合系数。

LDT0-028K 是一款具有良好柔韧性的压电传感器，如图 2-4-6 所示，采用 28μm 的压电薄膜，其上丝印银浆电极，薄膜被层压在 0.125mm 的聚酯基片上，电极由两个压接端子引出。当压电薄膜在垂直方向受到外力作用偏离中轴线时，会在薄膜上产生很高的应变，因而会有高电压输出。当直接作用于产品而使其变形时，它就可以作为一个柔性开关，所产生的输出足以直接触发 MOSFET 和 CMOS 电路；如果元件由引出端支撑并自由振动，该元件可作为加速度计或振动传感器。增加质量块或改变元件的自由长度都会影响传感器的谐振频率和灵敏度，将质量块偏离轴线可以得到多轴响应。LDTM-028K 采用悬臂梁结构，一端由端子引出信号，另一端固定质量块，是一款能在低频下产生高灵敏度的压电传感器。

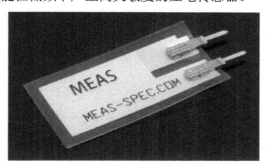

图 2-4-6　LDT0-02 8K 压电传感器

3. 压电传感器的测量电路

压电元件是一个有源电容器，因而也存在与电容传感器相同的问题，即内阻抗很高，而输出的信号微弱，因此一般不能直接显示和记录。

由于压电元件输出的电信号微弱，电缆的分布电容及噪声等干扰将严重影响输出特性；由于压电元件内阻抗很高，要求压电器件的负载电阻必须具有较高的值，因此与压电元件配套使用的测量电路，其前置放大器应有两个作用：一是把传感器的高阻抗输出变换为低阻抗输出，二是把传感器的微弱信号进行放大。

由于压电元件既可看成电压源，又可看成电荷源，所以前置放大器有两种：一种是电压放大器，其输出电压与输入电压（即压电元件的输出电压）成正比；另一种是电荷放大器，其输出电压与输入电荷成正比。

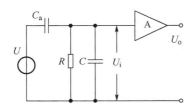

图 2-4-7　压电传感器接电压放大器的等效电路

1）电压放大器

电压放大器的作用是将压电传感器的高输出阻抗变为较低的阻抗，并将微弱的电压信号放大。压电传感器接电压放大器的等效电路如图 2-4-7 所示，其中，U_i 为放大器输入电压，$C=C_c+C_i$，$R=R_aR_i/R_a+R_i$；$U=Q/C_a$。

如果压电元件受到交变正弦力 $F=F_m\sin\omega t$ 的作用，其压电系数为 d，则在压电元件上产生的电压为：

$$U = \frac{dF_m}{C_a}\sin \omega t \tag{2-13}$$

当 $\omega R(C_i+C_c+C_a) \gg 1$ 时，在放大器输入端形成的电压为

$$U_i \approx \frac{d}{C_i + C_c + C_a}F \tag{2-14}$$

由式（2-13）可以看出，放大器输入电压幅度与被测频率无关。当改变连接传感器与前置放大器的电缆长度时，C_c 将改变，从而引起放大器的输出电压也发生变化。在设计时，通常将电缆长度定为一常数，使用时如要改变电缆长度，则必须重新校正电压灵敏度。

2）电荷放大器

电荷放大器是压电传感器另一种专用前置放大器。它能将高内阻的电荷源转换成低内阻的电压源，而且输出电压正比于输入电荷，因此，电荷放大器同样也起着阻抗变换的作用，其输入阻抗高达 $1010 \sim 1012\Omega$，输出阻抗小于 100Ω。

使用电荷放大器最突出的一个优点是，在一定条件下，传感器的灵敏度与电缆长度无关。

电荷放大器实际上是一种具有深度电容负反馈的高增益放大器，其等效电路如图 2-4-8 所示，图 C_f 中为放大器的反馈电容，其他符号的意义与电压放大器相同。

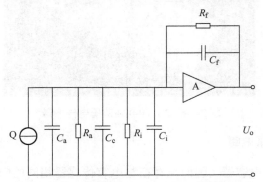

图 2-4-8　压电传感器接电荷放大器的等效电路

如果忽略电阻 R_a、R_i、R_f 的影响，A 为开环放大系数，而 $(1+A)C_f \gg C_i+C_c+C_a$ 时，放大器输出电压可以表示为

$$U_o = -\frac{Q}{C_f} \qquad (2\text{-}15)$$

由式（2-15）可以看出，由于引入了电容负反馈，电荷放大器的输出电压仅与传感器产生的电荷量及放大器的反馈电容有关，电缆电容等其他因素对灵敏度的影响可以忽略不计。

电荷放大器的灵敏度为

$$K = \frac{U_o}{Q} = -\frac{1}{C_f} \qquad (2\text{-}16)$$

可见放大器的输出灵敏度取决于 C_f。在实际电路中，是采用切换运算放大器负反馈电容 C_f 的办法来调节灵敏度的。C_f 越小则放大器灵敏度越高。

为了放大器的工作稳定，减少零漂，在反馈电容 C_f 两端并联了一个反馈电阻，形成直流负反馈，以稳定放大器的直流工作点。

4．认识压电传感模块

电荷放大模块主要用高输入阻抗运算放大器 CA3140 实现，它是一种 BiMOS 高电压的运算放大器，CA3140A 和 CA3140 BiMOS 运算放大器功能保护 MOSFET 的栅极（PMOS 上）中的晶体管输入电路提供非常高的输入阻抗、极低的输入电流和高速性能。操作电源电压为 4～36V（无论单或双电源），它结合了压电 PMOS 晶体管工艺和高电压双授晶体管的优点（互补对称金属氧化物半导体）。压电传感器检测到振动信号后，经 CA3140 电荷放大器放大，再滤波后输入比较器 1 变成数字信号，然后再经过比较器 2 后输出。

电荷放大模块的电路如图 2-4-9 所示。它的主要作用是把电荷放大模块电路的输出信号进行适当的放大，叠加在直流电平上，作为 LM393 中比较器 1 的负端（2 脚）输入电压。

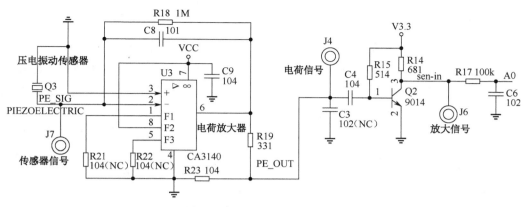

图 2-4-9 电荷放大模块电路图

比较器模块电路如图 2-4-10 所示。采集灵敏度电位器（VR1）调节端的电压作为比较器 1 正端（3 脚）输入电压。比较器 1 根据两个电压的情况进行对比，输出端（1 脚）输出相应的电平信号；该电压信号经过 D6 升压，D6 正端的电压信号作为比较器 2 负端（6 脚）输入电压，采集 R7 的电压信号作为比较器 2 正端（5 脚）的输入电压，比较器 2 根据两个电压的情况进行对比，输出端（7 脚）输出相应的电平信号。

调节 VR1，调节比较器 1 正端的输入电压，设置对应的采集灵敏度，即阈值电压。当压电传感器不受力时，传感器没有电荷信号输出，比较器 1 的负端电压较低，小于阈值电压，比较器输出高电平电压；该电压经过 D6，D6 正端的电压比比较器 2 的正端电压高，这时比较器 2 输出低电平电压。当压电传感器不受力时，传感器输出电荷信号，该电荷信号经放大电路放大后后叠加在比较器 1 负端的直流电平上，使得负端电压比正端电压高，比较器 1 输出低电平电压；该电压经过 D6 后，D6 正端的电压比比较器 2 的正端电压低，比较器 2 输出高电平。

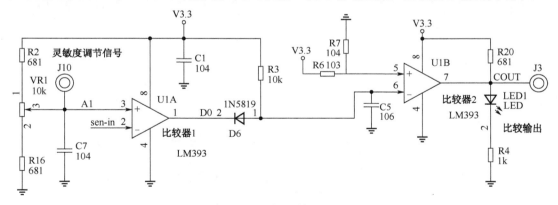

图 2-4-10 比较器模块电路图

1. 启动压电传感模块

将压电传感模块放置在实验平台上，并将实验平台通电。

2．任务测量

压电传感模块需要设置压力灵敏度的阈值，调零设置的方式如下。

（1）将数字式万用表的挡位调节至电压挡（直流 V 挡），将万用表的红表笔接入模块的 J10 灵敏度接口，黑表笔接入 J2GND 接口，对电路进行调零操作。注意：表笔与接口位置要相同，如果位置相反，则检测结果数字应为负数。

（2）调节可调电阻 VR1，使得比较输出的 LED 灯灭，设置压力灵敏度的阈值。测量 J10 灵敏度调节信号电压值为_____。注意：压力灵敏度不要设置太高，以免影响测试效果。

（3）将数字示波器进行校准，校准好的示波器与压电传感模块连接。将示波器的两个通道的探头分别接入 J7 传感器信号接口、J4 电荷信号接口，地线接头和 J2GND 接口连接好。

（4）按下数字示波器 AUTOSET 按钮，进行自动测量。当没有受力时，J7 传感器信号接口和 J4 电荷信号接口的波形情况是_____。测试参考图 2-4-11（a）。

（5）敲击压电传感器，此时 J7 传感器信号接口和 J4 电荷信号接口的波形信号情况是_____，请将波形记录下来，测试实图参考图 2-4-11（b）。

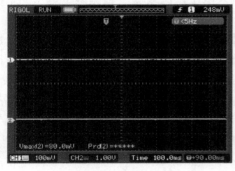 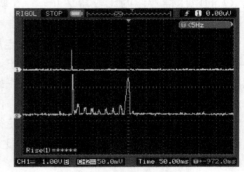

（a）不受力时信号波形图　　　　　　　　　（b）受力时信号波形图

图 2-4-11　J7 传感器信号和 J4 电荷信号的波形测试参考图

（6）将通道 2 的探头接入 J6 放大信号接口，其他接头保持不变，敲击压电传感器，此时 J7 传感器信号接口和 J6 放大信号接口的波形情况是_____，将波形记录下来，测试参考图 2-4-12。

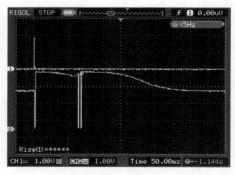

图 2-4-12　受力时 J6 放大信号接口的波形

（7）将通道 2 的探头接入 J3 比较输出接口，其他接头保持不变，敲击压电传感器，此时 J7 传感器信号接口和 J3 比较输出接口的波形情况是_____，将波形记录下来，测试参考图 2-4-13。

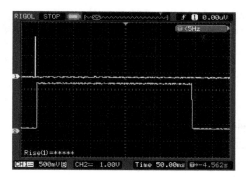

图 2-4-13 受力时 J3 比较输出接口波形图

（8）测量不受力时的参数，将万用表的挡位调节至电压挡（直流 V 挡），将红表笔移到 J6 放大信号接口，黑表笔接入 J2GND 接口，测量 J6 放大信号的电压为_____。注意：表笔与接口位置要相同，如果位置相反，则检测结果数字应为负数。

（9）将红表笔接入 J3 比较输出接口，挡位和黑表笔位置不变，测量 J3 比较输出信号电压为_____。

（10）测量受力时的参数，敲击压电传感器，此时 J6 放大信号的电压为_____，J3 比较输出信号电压为_____，比较输出 LED 灯状态为_____。

3. 任务数据分析

（1）将上述测试结果填入表 2-4-1。

表 2-4-1 压电传感模块的数据表

内　容 项　目	不受力 电压值	受力时 电压值
J10 灵敏度调节信号		
J6 放大信号		
J3 比较输出		
比较输出 LED 状态		
J7 传感器信号波形		
J4 电荷信号波形		
J6 信号放大波形		
J3 比较输出波形		

（2）分析表 2-4-1 中的数据。

根据表 2-4-1 中的数据，回答以下问题。

① 比较器的作用是_____。

② 比较器输出电平情况分析：_____。

③ 灵敏度设置和压电传感器受力的关系是_____。

2.5 获取声音传感器数据任务

- 了解声音传感器的种类和工作原理；
- 了解驻极体电容式声音传感器的工作特点及原理；
- 了解声音传感模块的原理并掌握其测量方法。

本节主要介绍驻极体电容式声音传感器、压电驻极体电声器件、动圈式传声器、驻极体电容式声音传感器的应用电路、声音传感模块等，使读者了解声音传感器的的种类和工作原理，了解驻极体电容式声音传感器的工作特点及原理，了解声音传感模块的原理并掌握其测量方法。

建议读者带着以下问题进行本项任务的学习和实践：

- 常用的声音传感器按换能原理分为哪几类？
- 什么是声音传感模块电路板？
- 如何进行声音传感器的测量？
- 声音传感器的应用有哪些？

声音是由物体振动产生的声波，是通过介质（空气或固体、液体）传播并能被人或动物听觉器官所感知的波动现象。最初发出振动的物体叫声源。声音以波的形式振动传播。声波在介质中传播的速度称为声速，用 C 表示，单位为米/秒，声速的大小取决于介质的弹性和密度，与声源无关，在常温（即 20℃）和标准大气压下空气中的声速是 344m/s；声波行经两个波长的距离所需的时间称为周期，用 T 表示，单位是秒；周期的倒数即声波每秒振动的次数称为频率，用 f 表示（即 $f=1/T$），单位为赫兹，用 Hz 表示。

对于人耳来说，只有频率为 20Hz～20kHz 的声波才会引起声音的感觉，因此人们把这个范围的频率（即 20Hz～20kHz）称为声频。低于 20Hz 的声波称为次声，高于 20kHz 的声波称为超声，次声和超声是人耳听不到的。

声音测量属于非电量的电测范畴。因此，要实现声音测量，首先要解决的是用何种器件将声信号转换成电信号，然后才能谈得上采用电测的方法来实现。传声器在声音测量中就是起这个声电换能作用的。在声音测量过程中，先通过它将外界作用于其上的声信号转换成相应的电信号，然后将这个电信号输送给后面的电测系统以实现其测量。所以声电换能用传声器，是实现声音测量的最基本和最重要的器件。而驻极体是指能长久保持电极化状态的电介质，这种电介质一般是高分子聚合物，如聚丙烯、聚四氟乙烯等。

常用的声音传感器按换能原理的不同，大体可分为 3 种类型，即电动式、压电式和电容式。其典型应用为驻极体电容式传声器、压电驻极体声音传感器和动圈式声音传感器。它们具有结构简单，使用方便，性能稳定、可靠，灵敏度高等诸多优点。

声音传感器也可以分为压强型和自由场型两种形式。但由于自由场型更适合于噪声声级的测量，所以一般在声级测量中均采用自由场型的声音传感器。

此外，声音传感器的性能还与它的尺寸大小有关。如尺寸大的，其灵敏度较高和可测声级的下限也较低，但其频率范围较窄；尺寸小的，其灵敏度虽较低，但其频率范围宽和可测声级的上限较高。

1．驻极体声音传感器

1）驻极体声音传感器特点

驻极体声音传感器分为振膜式驻极体声音传感器和背极式驻极体声音传感器。背极式驻极体声音传感器由于膜片与驻极体材料各自发挥其特长，因此性能比振膜式驻极体声音传感器好。驻极体声音传感器的结构与一般的电容式声音传感器大致相同，工作原理也相同，只是不需要外加极化电压，而是由驻极体膜片或带驻极体薄层的极板表面电位来代替。驻极体声音传感器的振膜受声波策动时，就会产生一个按照声波规律变化的微小电流，经过电路放大后就产生了音频电压信号。

驻极体声音传感器极头的静态电容一般为 10～18pF，所以它的输出阻抗很高，不能直接与一般的音频放大器相连。用背极式驻极体做声音传感器，可将驻极体与声振膜分开，选用频响宽的声振膜制成的声音传感器寿命长，约为 20 年；频响宽，而且工艺简单、成本低、功效高、原材料消耗低。把它做成体积小、重量轻的传感器，从而使现场使用更为方便。这种传感器除了有较高精度外，还有较大的非接触距离，优良的频响曲线。另外，它有良好的长期稳定性，在高潮湿的环境下仍能正常工作，对于一般的生产或检测环境都能够满足要求。

2）驻极体声音传感器结构

驻极体声音传感器的结构简图如图 2-5-1 所示。驻极体声音传感器将电介质薄膜一个面作成电极，与固定电极保持平行，并配置于固定电极的对面。在薄膜的单位电极表面上产生感应电荷。在驻极体膜片以角频率 ω 振动的情况下，在电极间产生电动势。

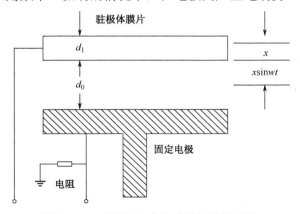

图 2-5-1　驻极体声音传感器的结构简图

3）驻极体声音传感器参数表（表 2-5-1）

表 2-5-1 驻极体声音传感器参数表

测量用驻极体声音传感器（电压输出型）技术参数						
型号	频率范围 ±2dB（Hz）	灵敏度 （mV/Pa）	响应类型	动态范围 （dB）	外形尺寸 直径（mm）	厂家 A
CHZ-11	3～18k	50	自由场	12～146	23.77	A
CHZ-12	4～8k	50	声场	10～146	23.77	A
CHZ-11T	4～16k	100	自由场	5～100	20	A
CHZ-13	4～20k	50	自由场	15～146	12	A
CHZ-14A	4～20k	12.5	声场	15～146	12	A
HY205	2～18k	50	声场	40～160	12.7	B
4175	5～12.5k	50	自由场	16～132	2642	C
BF5032P	70～20000	5	自由场	20～135	49	D
CZⅡ-60	40～12000	100	自由场/声场	34	9.7	E
注：A—中国科学院声学研究所，B—衡阳仪表厂，C—丹麦 B&K 公司，D—捷利音响工业有限公司，E—国营 797 厂						

2. 压电驻极体声音传感器

压电驻极体声音传感器利用压电效应进行声电/电声变换，其声电/电声转换器为一片 30～80μm 厚的多孔聚合物压电驻极体薄膜，相对于电容式/动圈式结构复杂，精度要求极高，大大减小了声音传感器的体积；同时，零件数目大为减少，可靠性得到保证，方便大规模生产。多孔聚合物压电驻极体薄膜能达到非常高的压电系数，比 PVDF 铁电聚合物及其共聚物的压电活性高 1 个量级；其次，薄膜的厚度可以做到很小，易于满足对几何尺寸的要求，且原料的来源广泛，材料成本与加工制备均较压电陶瓷与铁电单晶材料容易许多。利用压电驻极体制成的声音传感器可广泛应用于电声、水声、超声与医疗等领域。

对于声音传感器来讲，驻极体电容式结构需要较大的空气共振腔，其声音传感器的体积无法做到很小；且声音传感器的灵敏度等电声性能受到驻极体电荷稳定性与空气共振腔等声学结构的影响，对性能的提升造成天然的瓶颈。压电驻极体声音传感器利用压电效应进行声电变换，取消了空气共振腔的设计，大大减小了声音传感器的体积；在性能上，压电材料的力电/声电转换性能稳定（在多孔聚合物上表现为薄膜内部的电荷稳定、不容易丢失）；同时，由于取消了电容式的声电变换结构，使零件数目减少，制造工艺简单化，成本低廉。这些特性均使压电驻极体声音传感器具有更大的应用范围与推广价值。

图 2-5-2 为声音传感器 ECM 压电声音传感器与超薄压电声音传感器结构示意图。

超薄压电
声音传感器

ECM压电
声音传感器

图 2-5-2 ECM 压电声音传感器与超薄压电声音传感器结构示意图

图 2-5-3 为 ECM 压电声音传感器结构图。最初设计的压电声音传感器与传统的 ECM 压电

声音传感器具有相似的结构，故简称 ECM 压电声音传感器。它包含一个外壳，主要起电路连接、保护及屏蔽的作用。外壳通过一个导电垫片与压电驻极体薄膜连接，外壳上开有入声孔，使声音信号能通过入声孔与压电薄膜接触，通过压电效应产生相应的电信号。电信号通过腔体的金属片与铜环传到印制线路板（PCB）上。最后，通过一个卷边封装的过程，使外壳与 PCB 紧密相连，这样整个压电声音传感器就变成了一个牢固的整体。因为采用了 ECM 的结构，包含一个较大的后腔，所以 ECM 压电声音传感器厚约 3mm。

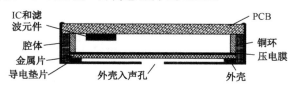

图 2-5-3　ECM 压电声音传感器结构图

3．动圈式声音传感器

如果把一导体置于磁场中，在声波的推动下使其振动，这时在导体两端便会产生感应电动势，利用这一原理制造的声音传感器称为电动式声音传感器。如果导体是一线圈，则称为动圈式声音传感器，如果导体为一金属带箔，则称为带式声音传感器。动圈式声音传感器是一种使用最为广泛的声音传感器，一般都有如图 2-5-4 所示的结构。

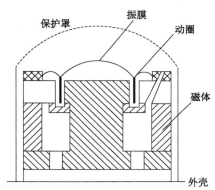

图 2-5-4　动圈式声音传感器结构示意图

4．驻极体声音传感器的应用电路

驻极体声音传感器为了避免使用极化电压，有两种接法，如图 2-5-5 所示，其中，第一种接法动态范围大，电路稳定；第二种接法灵敏度高。

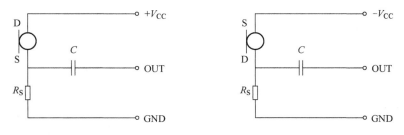

图 2-5-5　驻极体声音传感器的接法简图

实际应用电路不需要外加极化电压，可简化电源电路设计。省去极化电压后，避免了极化高电位产生的脉冲性噪声，如图 2-5-6 所示。

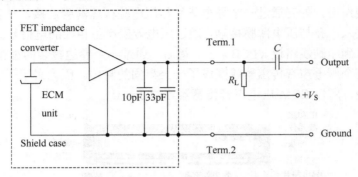

图 2-5-6　驻极体声音传感器的应用电路图

5. 认识声音传感模块

声音传感模块完整的测试电路如图 2-5-7 所示。

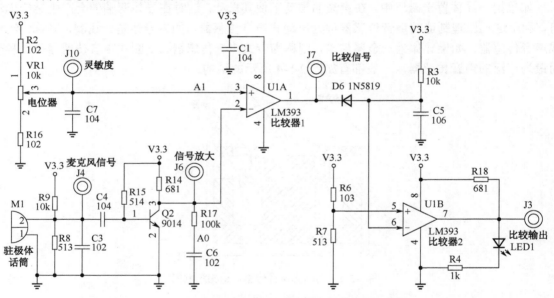

图 2-5-7　声音传感模块完整测试电路图

麦克风输出电压受环境声音影响，输出相应的音频信号，将该信号放大。放大后的音频信号叠加在直流电平上作为 LM393 中比较器 1 的负端（2 脚）输入电压。采集电位器（VR1）调节端的电压作为比较器 1 正端（3 脚）输入电压。比较器 1 根据两个电压的情况进行对比，输出端（1 脚）输出相应的电平信号；该电压信号经过 D6 升压，D6 正端的电压信号作为比较器 2 负端（6 脚）输入电压，采集 R7 的电压信号作为比较器 2 正端（5 脚）的输入电压，比较器 2 根据两个电压的情况进行对比，输出端（7 脚）输出相应的电平信号。

调节 VR1，调节比较器 1 正端的输入电压，设置对应的采集灵敏度，即阈值电压。当环境中没有声音或声音比较低时，麦克风没有音频信号输出，比较器 1 的负端电压较低，小于阈值电压，比较器输出高电平电压；该电压经过 D6，D6 正端的电压比比较器 2 的正端电压高，这比较器 2 输出低电平电压。当环境中出现很大的声音时，麦克风感应并产生相应的音频信号，该音频信号经过放大后叠加在比较器 1 负端的直流电平上，使得负端电压比正端电压高，比较器 1 输出低电平电压；该电压经过 D6 后，D6 正端的电压比比较器 2 的正端电压低，比较器 2 输出高电平。

1. 启动声音传感器模块

将声音传感模块放置在实验平台上，并将实验平台通电。

2. 任务测量

声音传感模块需要设置采集灵敏度的阈值，调零设置的方式如下。

（1）将数字式万用表的挡位调节至电压挡（直流 V 挡），将万用表的红表笔接入模块的 J10 灵敏度接口，黑表笔接入 J2GND 接口，对电路进行调零操作。注意：表笔与接口位置要相同，如果位置相反，则检测结果数字应为负数。

（2）调节可调电阻 VR1，设置灵敏度的阈值。测量 J10 灵敏度电压值为＿＿＿＿＿＿＿。注意：灵敏度设置电压值如果较小的话，实际测试声音的效果会受到影响。

（3）观测场景模拟界面，灵敏度直流电平 AD 值为＿＿＿＿＿＿＿。

（4）驻极体话筒输出波形测试，将数字示波器进行校准，校准好的示波器与声音传感模块相连。将示波器的两个通道的探头分别接入 J4 麦克风信号接口、J6 信号放大接口，地线接头和 J2GND 接口连接好。

（5）按下数字示波器 AUTOSET 按钮，进行自动测量。当没有明显声音时，J4 麦克风信号接口和 J6 信号放大接口的波形情况是＿＿＿＿＿＿＿＿＿＿＿＿＿＿＿＿＿＿。测试参考图 2-5-8（a）。

（6）对准麦克风制造噪声，此时 J4 麦克风信号接口和 J6 信号放大接口的波形情况是＿＿＿＿＿＿＿＿＿＿＿＿＿＿＿＿＿，将波形记录下来，测试参考图 2-5-8（b）。

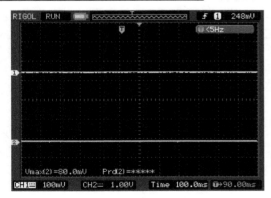

（a）无声音影响时信号波形图

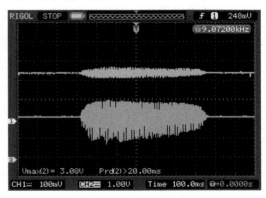

（b）有声影响时信号波形图

图 2-5-8　声音传感模块驻极体话筒输出波形测试参考图

（7）测量没有声音时的参数，将万用表的挡位调节至电压挡（直流 mV 挡），红表笔接入 J4 麦克风信号接口、黑表笔接入 J2GND 接口，测量 J4 麦克风信号的电压为＿＿＿＿＿＿＿，将红表笔移到 J6 信号放大接口，挡位调节至直流 V 挡，黑表笔不动，测量 J6 信号放大的电压为_____。注意：表笔与接口位置要相同，如果位置相反，则检测结果数字应为负数。

（8）将红表笔接入 J7 的比较信号接口，测量比较器 1 的比较信号电压为_____；将红表笔接入 J3 比较输出接口，测量比较器 2 的比较输出电压为_____。

（9）测量有明显声音影响时的参数，测量此时 J4 麦克风信号的电压为_____，J6 信号输出放大的电压为_____。

（10）测量此时比较器 1 的比较信号电压为_____，比较器 2 的比较输出电压为_____。

3．任务数据分析

（1）将上述测试结果填入表 2-5-2。

表 2-5-2　声音传感模块的数据表

内　容 项　目	无噪声 电压值	有明显噪声 电压值
J10 灵敏度		
J4 麦克风信号		
J6 信号放大		
J7 比较信号		
J3 比较输出		
J4 麦克风信号波形		
J6 信号放大波形		

（2）分析表 2-5-2 中的数据。

① 麦克风信号放大电路的放大倍数是_____。

② 比较器的作用是_____。

比较器输出电平情况分析：_____。

③ 灵敏度设置和环境噪声的关系是_____。

灯光控制和声音影响情况分析：_____。

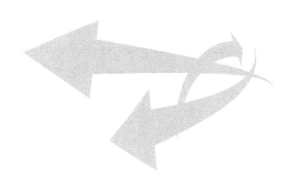

第 3 章　蓝牙 4.0 无线通信应用

本章简介

　　本章的主要内容是传感器和无线传感网络中的蓝牙通信的技术应用，主要由"通过蓝牙采集心率数据任务"和"通过蓝牙采集红外数据任务"两个任务构成。任务 1 介绍蓝牙与手机之间如何建立通信的基础知识。任务 2 介绍蓝牙模块之间如何传输传感器数据的方法。通过学习和完成这两个任务，可使读者对蓝牙 4.0 无线通信的开发与使用有一个初步的了解，也为后续的综合项目学习提供基本的理论知识和操作技能。

章节目标

- 理解蓝牙的概念和特点。
- 了解蓝牙通信的技术。
- 理解心率传感器的概念和特点。
- 理解红外传感器的概念和特点。

章节任务

3.1　IAR 开发环境介绍

　　IAR Embedded Workbench 是著名的 C 编译器，支持众多知名半导体公司的微处理器，许多全球著名的公司都在使用该开发工具来开发他们的前沿产品，从消费电子、工业控制、汽车

应用、医疗、航空航天到手机应用系统。IAR 根据支持的微处理器种类不同分为许多不同的版本，由于本书使用的蓝牙通信模块芯片是 CC2541（8051 内核），所以我们需要选用的版本是 IAR Embedded Workbench for 8051。IAR 的工作界面如图 3-1-1 所示。

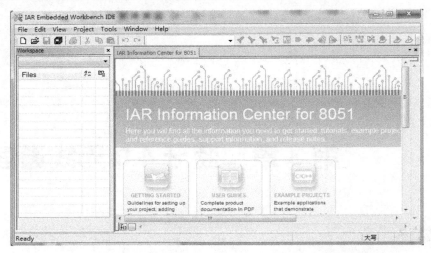

图 3-1-1　IAR Embedded Workbench 工作界面

1. 使用 IAR 创建工程

1）创建 IAR 工作区

IAR 使用工作区（Workspace）来管理工程项目，一个工作区中可以包含多个为不同应用创建的工程项目。IAR 启动的时候已自动新建了一个工作区，也可以使用菜单中的"File"→"New"→"Workspace"或"File"→"Open"→"Workspace"来新建工作区或打开已存在的工作区。

2）创建 IAR 工程

IAR 使用工程来管理一个具体的应用开发项目，工程主要包括了开发项目所需的各种代码文件。使用菜单"Project"→"Create New Project"来创建一个新的工程，此时弹出如图 3-1-2 所示的对话框。

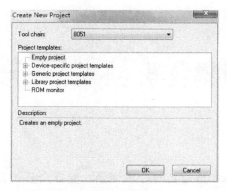

图 3-1-2　建立新工程

选择"Empty project"来建立空白工程，单击"OK"按钮后弹出如图 3-1-3 所示的对话框，用来选择工程要保存的位置。在"文件名"后的文本框中为工程起名后保存工程，之后会在 IAR 的"Workspace"中看到建立好的工程，如图 3-1-4 所示。

图 3-1-3　保存工程

图 3-1-4　Workspace 中建立好的工程

最后通过"File"→"Save Workspace"菜单为工作区选择保存位置并起名保存，如图 3-1-5 所示。

图 3-1-5　保存工作区

3）配置工程选项

工程创建好后，为使工程支持 CC2541 蓝牙通信模块和生成.hex 文件等，还需要对工程的选项进行一些配置。在"Workspace"中列出的项目上单击鼠标右键弹出如图 3-1-6 所示菜单，选择其中的"Options"弹出如图 3-1-7 所示的选项配置窗口。

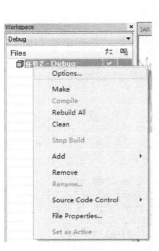

图 3-1-6 工程控制快捷菜单

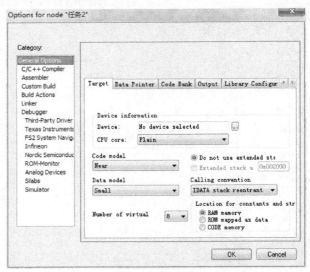

图 3-1-7 选项配置窗口

这里我们使用的是 CC2541 单片机，需要在工程中将单片机型号做相应设置。在工程选项窗体中选择"General Options"下的"Target"选项卡，在"Device information"里单击"Device"最右侧按钮，然后从"Texas Instruments"文件夹中选择"CC2541F256.i51"文件并打开，最终在"Device"后面的文本框中显示"CC2541F256"。

下面我们配置.hex 文件，在工程选项窗体中选择"Linker"下的"Output"选项卡，在"Format"里勾选"Allow C-SPY-specific extra output file"复选框，如图 3-1-8 所示。

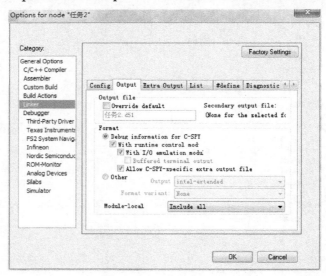

图 3-1-8 设置 Output 内容

在工程选项窗体中选择"Linker"下的"Extra Output"选项卡，勾选"Generate extra output file"复选框，再勾选"Output file"中的"Override default"复选框并在下面的文本框中输入要生成的.hex 文件的全名。最后在"Format"中将"Output format"设置为"intel-extended"，整体设置如图 3-1-9 所示。

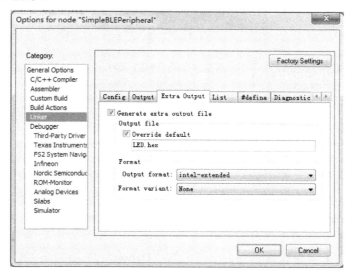

图 3-1-9　设置 Extra Output 内容

所有内容配置完毕后，单击"OK"按钮关闭配置窗口。

4）添加程序文件

首先创建代码文件，找到工程的存储目录，在目录中新建一个名为"source"的文件夹，以方便管理自己写的代码。使用"File"→"New"→"File"菜单命令可在 IAR 中创建一个空白文件，接着将该文件通过"File"→"Save"菜单命令进行保存，将该文件起名为"code.c"并将其保存到我们刚刚创建的"source"文件夹下。

图 3-1-10　已添加代码文件

其次将代码文件添加到工程中，在"Workspace"中的工程上单击鼠标右键弹出快捷菜单，选择其中的"Add"→"Add File"命令，找到刚刚创建的"code.c"文档并打开，此时可以看到"Workspace"中的工程下出现了代码文件，如图 3-1-10 所示。

工程名字右上角的黑色"*"表示工程发生改变还未保存，代码文件右侧的红色"*"表示该代码文件还未编译。

2．添加代码

可直接将本章目录下"code.c"文件中的内容复制到代码文件中，也可以参照下面代码手工录入代码文件。

```
#include "ioCC2541.h"    //引用CC2541头文件
/*************************************************************
函数名称：main
功    能：程序主函数
入口参数：无
出口参数：无
```

```
返 回 值: 无
***********************************************************/
void main(void)
{
    P0SEL &= ~0x80;         //设置P0.7口为普通I/O口
    P0DIR |= 0x8f;          //设置P0.7口为输出口
    while(1)                //程序主循环
    {
        P0_7 = ~P0_7;       //P0.7口输出状态反转
        for(unsigned int i = 0; i<60000;i++);//延时
    }
}
```

3. 编译和下载

代码添加完毕后,在"Workspace"中的工程上单击鼠标右键弹出快捷菜单,选择其中的"Add"→"Rebuild All"命令使 IAR 编译代码并生成.hex 文件。可以看到在 IAR 下方的"Build"窗口中显示"Total number of errors: 0"和"Total number of warning: 0",表示没有出现错误和警告。

编译完毕后,在工程存放目录下会出现名为"Debug"的文件夹,其中存放了编译过程的中间文件和最终生成的镜像文件。最终生成的.hex 文件位于工程目录下的"\Debug\Exe"文件夹下。

根据在第 1 章中所学的知识,可将镜像文件烧写到实验板上运行,观看效果。

3.2 蓝牙和蓝牙协议栈

1. 什么是蓝牙

蓝牙(Bluetooth)技术是爱立信、IBM 等 5 家公司在 1998 年联合推出的一项无线网络技术。如今全世界已有 1800 多家公司加盟该组织。"蓝牙"是一种大容量近距离无线数字通信技术标准,其目标是实现最高数据传输速率 1Mbps、最大传输距离为 10cm～10m,通过增加发射功率可达到 100m。蓝牙无线技术使用了全球通用的频带(2.4GHz),以确保能在世界各地通行无阻。

蓝牙的名字来源于 10 世纪丹麦国王哈拉尔蓝牙王(Harold Bluetooth,因为他十分喜欢吃蓝梅,所以牙齿每天都带着蓝色)。在行业协会筹备阶段,需要一个极具有表现力的名字来命名这项高新技术。行业组织人员,在经过一夜关于欧洲历史和未来无线技术发展的讨论后,有些人认为用 Blatand 国王的名字命名再合适不过了。Blatand 国王将现在的挪威、瑞典和丹麦统一起来;他的口齿伶俐,善于交际,就如同这项即将面世的技术,技术将被定义为允许不同工业领域之间的协调工作,保持各系统领域之间的良好交流,例如计算、手机和汽车行业之间的工作。名字于是就这么定下来了。

2. 蓝牙的应用

蓝牙技术是一种无线数据与语音通信的开放性全球规范，它以低成本的近距离无线连接为基础，为固定与移动设备通信环境建立一个特别连接。其程序写在一个 9×9mm 的微芯片中。

例如，如果把蓝牙技术引入移动电话和笔记本电脑中，就可以去掉移动电话与笔记本电脑之间的令人讨厌的连接电缆，而通过无线使其建立通信。打印机、PDA、PC、传真机、键盘、游戏操纵杆及其他的数字设备都可以成为蓝牙系统的一部分（图 3-2-1）。除此之外，蓝牙无线技术还为已存在的数字网络和外设提供通用接口以组建一个远离固定网络的个人特别连接设备群。

1）在办公设备中的应用

过去的办公室因各种电线纠缠不清而非常混乱。从为设备供电的电线到连接计算机至键盘、打印机、鼠标和 PDA 的电缆，无不造成了一个杂乱无序的工作环境。在某些情况下，这会增加办公室危险，如员工可能会被电线绊倒或被电缆缠绕。现在，通过 Bluetooth 无线技术，办公室里再也看不到凌乱的电线，整个办公室也像一台机器一样有条不紊地高效运作。PDA 可与计算机同步以共享日历和联系人列表，外围设备可直接与计算机通信，员工可通过 Bluetooth 耳机在整个办公室内行走时接听电话，所有这些都无需电线连接。Bluetooth 技术的用途不仅限于解决办公室环境的杂乱情况。启用 Bluetooth 的设备能够创建自己的即时网络，让用户能够共享演示文稿或其他文件，不受兼容性或电子邮件访问的限制。Bluetooth 设备能方便地召开小组会议，通过无线网络与其他办公室进行对话，并将白板上的构思传送到计算机。

图 3-2-1　蓝牙连接的设备

不管是在一个未联网的房间里工作或是试图召开热情互动的会议，Bluetooth 无线技术都可以帮助用户轻松开展会议、提高效率并增进创造性协作。目前，市场上有许多产品都支持通过 Bluetooth 连接从一个设备向另一个设备无线传输文件。类似 EBeam Projection 之类的产品支持以无线方式将白板上的会议记录保存在计算机上，而其他一些设备则支持多方参与献计献策。消除台式机杂乱的连线，实现无线高效办公。Bluetooth 无线键盘、鼠标及演示设备可以简化工作空间。将 PDA 或手机与计算机无线同步可以及时有效地更新并管理用户的联系人列表和日历。

2）在手机上的应用

嵌入蓝牙技术的数字移动电话将可实现一机三用，真正实现个人通信的功能。在办公室可作为内部的无线集团电话，回家后可当作无绳电话来使用，不必支付昂贵的移动电话的话费。到室外或乘车的路上，移动电话与掌上电脑或个人数字助理 PDA 结合起来，并通过嵌入蓝牙技术的局域网接入点，随时随地都可以到 Internet 上浏览，使我们的数字化生活变得更加方便和快捷。同时，借助嵌入蓝牙的头戴式话筒、耳机及语音拨号技术，不用动手就可以接听或拨打移动电话（图 3-2-2）。

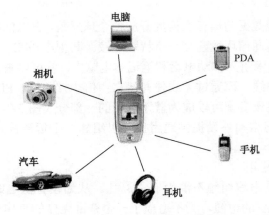

图 3-2-2　蓝牙技术在手机上的应用

3）在娱乐设备中的应用

玩游戏、听音乐、结交新朋友、与朋友共享照片，越来越多的消费者希望能够方便即时地享受各种娱乐活动，而又不想再忍受电线的束缚。内置了 Bluetooth 技术的游戏设备，让用户能够在任何地方与朋友展开游戏竞技。由于不需任何电线，玩家能够轻松地发现对方，甚至可以匿名查找然后开始游戏。

Bluetooth 技术将很快实现使用无线耳机方便地欣赏 MP3 播放器里的音乐，抛弃妨碍我们使用跑步机、驾驶汽车或在公园游玩的电线（图 3-2-3）。发送照片到打印机或朋友的手机也非常简单。现在，很多商店提提供打印站服务，让消费者能够通过 Bluetooth 连接并打印手机上的照片。

图 3-2-3　蓝牙技术在娱乐设备中的应用

4）在传统家电中的应用

蓝牙系统嵌入微波炉、洗衣机、电冰箱、空调等传统家用电器，使之智能化并具有网络信息终端的功能，能够主动地发布、获取和处理信息，赋予传统电器以新的内涵。网络微波炉能够存储许多微波炉菜谱，同时还能够通过生产厂家的网络或烹调服务中心自动下载新菜谱；网络冰箱能够知道自己存储的食品种类、数量和存储日期，可以提醒存储到期和发出存量不足的警告，甚至自动从网络订购；网络洗衣机可以从网络上获得新的洗衣程序。带蓝牙的信息家电还能主动向网络提供本身的一些有用信息，如向生产厂家提供有关故障并要求维修的反馈信息等。蓝牙信息家电是网络上的家电，不再是计算机的外设。我们可以设想把所有的蓝牙信息家电通过一个遥控器来进行控制。这个遥控器不但可以控制电视、计算机、空调，同时还可以用作无绳电话或移动电话，甚至可以在这些蓝牙信息家电之间共享有用的信息，比如把电视节目或电话语音录制下来存储到 PC 中。

3. 蓝牙协议栈

本章任务使用的蓝牙通信模块使用的是 TI 公司生产的 CC2541 芯片，CC2541 是一款针对 Bluetooth 低能耗及私有 2.4GHz 应用的功率优化的真正片载系统（SoC）解决方案。它使得使用低成本建立强健网络节点成为可能。CC2541 将 RF 收发器的出色性能和增强型 8051MCU、系统内可编程闪存存储器、8KB RAM 和其他功能强大的外设组合在一起。CC2541 非常适合应用于需要超低能耗的系统。这由多种不同的运行模式指定，运行模式间较短的转换时间进一步使低能耗变为可能。

德州仪器（TI）在生产出 CC2541 芯片的同时，还推出了一个 BLE-Stack 协议栈，该协议栈是一款全功能的蓝牙 4.0 堆栈，适用于 TI 的 CC2540 和 CC2541 器件，并包含单模式蓝牙智能应用开发所需的所有软件。BLE-Stack 以免专利费形式向使用 TI 的 C2540/41 蓝牙低耗能片上系统(SoC)产品系列的客户提供，并且其也可在 TI 的第一代 SensorTag、CC2541DK-SENSOR 和远程控制 CC2541DK-RC 开发套件上运行。

BLE-Stack 包括对象代码及最新的蓝牙低功耗协议堆栈，支持多个连接、示例项目和应用程序，涵盖一组广泛的模式，以及源代码和 BTool（用于测试应用的 Windows PC 应用程序）。除了软件以外，此套件还包含文档，包括开发人员指南、示例应用指南和 API 指南。

TI 的 BLE-Stack 协议栈是一个基于轮询式的操作系统。这个操作系统命名为 OSAL（Operating System Abstraction Layer），翻译为"操作系统抽象层"。

OSAL 就是以实现多任务为核心的系统资源管理机制。程序的运行机制如图 3-2-4 所示。

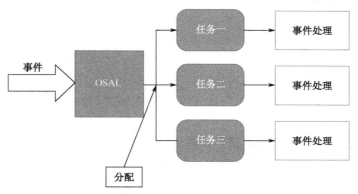

图 3-2-4　OSAL 的运行机制

图 3-2-5　协议栈主流程

BLE-Stack 的 main 函数在 SimpleBLEPeripheral_Main.c 中，总体上来说，它一共做了两件工作，一个是系统初始化，即由启动代码来初始化硬件系统和软件架构需要的各个模块；另一个就是开始执行操作系统实体，图 3-2-5 所示。

BLE-Stack 协议栈通过 MyNotification( ) 函数发送数据，而 MyNotification( )函数通过调用 GATT_Notification( )函数发送数据，该函数实现从机直接发送数据给主机。

3.3 通过蓝牙采集心率数据任务

采用 Android 智能手机作为主机，蓝牙模块作为从机，使主从机建立连接，并能进行简单的无线数据传输，要求在手机上观察到蓝牙模块发来的心率传感器的数值信息。

本任务要求实现心率传感器通过蓝牙通信模块传输，我们需要知道心率传感器的相关知识和心率传感器如何将信号传送给蓝牙通信模块。

建议读者带着以下问题进行本任务的学习和实践：

● 什么是心率传感器？

● 心率传感器有哪些应用？

● 如何进行心率传感器的性能检测？

1. 什么是心率

心率是指正常人安静状态下每分钟心跳的次数（图 3-3-1），也叫安静心率，一般为 60～100 次/分，可因年龄、性别或其他生理因素产生个体差异。一般来说，年龄越小，心率越快，老年人心跳比年轻人慢，女性的心率比同龄男性快，这些都是正常的生理现象。安静状态下，成人正常心率为 60～100 次/分，理想心率应为 55～70 次/分（运动员的心率较普通成人偏慢，一般为 50 次/分左右）。

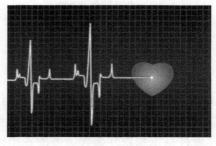

图 3-3-1　心率

心率变化与心脏疾病密切相关。如果心率超过 160 次/分，或低于 40 次/分，大多见于心脏病患者，如常伴有心悸、胸闷等不适感，应及早进行详细检查，以便针对病因进行治疗。

1）心动过速

成人安静时心率超过 100 次/分钟（一般不超过 160 次/分钟），称为窦性心动过速，常见于兴奋、激动、吸烟、饮酒、喝浓茶或咖啡后，或见于感染、发热、休克、贫血、缺氧、甲亢、心力衰竭等病理状态下，或见于应用阿托品、肾上腺素、麻黄素等药物后。

2）心动过缓

成人安静时心率低于 60 次/分钟（一般在 45 次/分钟以上），称为窦性心动过缓，可见于长期从事重体力劳动的健康人和运动员；或见于甲状腺机能低下、颅内压增高、阻塞性黄疸，以及洋地黄、奎尼丁或心得安类药物过量。如果心率低于 40 次/分，应考虑有病态窦房结综合征、房室传导阻滞等情况。如果脉搏强弱不等、不齐且脉率少于心率，应考虑心房纤颤。

2．什么是心率传感器

心率传感器顾名思义就是采集人体心率的传感器，心率传感器有时也叫脉搏传感器，因为正常人的脉搏的次数与心跳的次数是一致的。

传统的心率测量方法主要有三种，如图 3-3-2 所示。

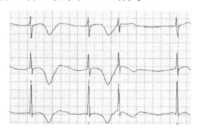

（a）心电信号测量

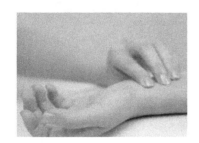

（b）血压压力测量

（c）光电容积法测量

图 3-3-2　传统的心率测量方法

前两种方法提取信号都会限制病人的活动，如果长时间使用会增加病人生理和心理上的不舒适感。而光电容积法测量作为监护测量中最普遍的方法之一，其具有方法简单、佩戴方便、可靠性高等特点。

本任务就采用光电容积法进行测量，该测量方法的工作原理是检查人体毛细血管和动静脉对光的反射情况，因为人体的皮肤、肉、骨骼等对光的反射都有固定值，而毛细血管和动静脉由于随着脉搏容积不停变大变小，所以对光的反射是波动的。

心率传感器模块使用的是 MAX30102 芯片（图 3-3-3）。

该芯片集成了脉搏血氧仪和心率监测仪生物传感器，包括一个红光 LED 和一个红外光 LED、光电检测器、光器件，以及带环

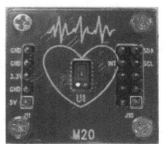

图 3-3-3　MAX30102 芯片

境光抑制的低噪声电子电路。MAX30102 采用一个 1.8V 电源和一个独立的 5.0V 用于内部 LED 的电源，应用于可穿戴设备进行心率和血氧采集检测，佩戴于手指、耳垂和手腕等处。标准的 I2C 兼容的通信接口可以将采集到的数值传输给 Arduino、KL25Z 等单片机进行心率和血氧计算。此外，该芯片还可通过软件关断模块使待机电流接近为零，实现电源始终维持供电状态。正因为其优异的性能，该芯片大量应用于三星 Galaxy S7 手机。

MAX30102 本身集成了完整的发光 LED 及驱动部分、光感应和 AD 转换部分、环境光干扰消除及数字滤波部分，只将数字接口留给用户，极大地减轻了用户的设计负担。用户只需要使用单片机通过硬件 I2C 或模拟 I2C 接口来读取 MAX30102 本身的 FIFO，就可以得到转换后的光强度数值，通过编写相应算法就可以得到心率值和血氧饱和度。

3．心率传感器的应用

在手表上应用，就是在手表上安装心率传感器（图 3-3-4），在运动过程中能够实时准确记录运动心率，心率表在有目的性的锻炼中的作用非常明显。我们都知道运动量越大心跳越快这个简单的道理，通过监测心率便可带来事半功倍的效果。心率监测是目前十分热门的功能。三星 Galaxy 手机、微软手环、苹果手表。

在手机上应用，三星在 Galaxy S5 中内置了心率传感器功能（图 3-3-5），它位于背部相机的下面，用户将手指放置在上面 5 到 10 秒就可以监测自己的脉搏。当用户锻炼的时候，还可以将心率传感器与内置的 S Health 应用配合使用，监测自己的心率及卡路里消耗情况。

图 3-3-4　心率传感器应用于手表

图 3-3-5　心率传感器应用于手机

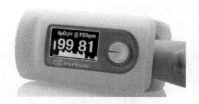

图 3-3-6　指夹式心率血氧仪

在医疗器件上应用，指夹式心率血氧仪（图 3-3-6）能通过手指检测到人体的血氧饱和度和脉博，适用于家庭、医院、运动保健和小区医疗等，例如高原旅游及登山爱好者、病人（长期在家休养的病人或处于急救状态的病人）、老人、每天工作量大的人、运动者（职业体育训练或运动爱好者）、密闭环境工作者等。

4．心率传感器性能检测

心率传感器由于是一个芯片，所以要检测其质量情况，不能用普通传感器的检测方式，需要用专门的软件进行检测。这里我们使用"串口猎人"进行检测。

（1）将"心率传感器测试_烧写程序.hex"下载到蓝牙通信模块中，并将实验设备的串口线连接至 PC，实验设备通信功能设置为"通讯模式"。

（2）将"串口猎人"安装至 PC 上，并运行。

（3）选择工具右下角的载入，将"心率脉搏测试工装–基本功能"配置文件载入。切换至基本功能界面，并选择对应的串口号，波特率为 9600，启动检测，如图 3-3-7 所示为心率传感器模块正常，如果出现图 3-3-8 所示的结果，说明心率传感器模块有故障。

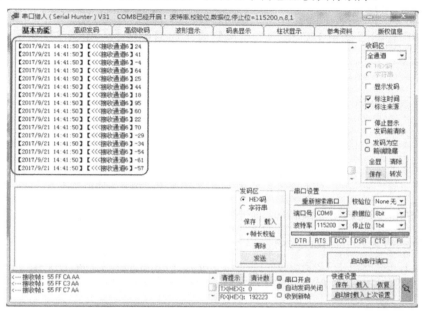

图 3-3-7　正常结果图

图 3-3-8　有故障的结果图

（4）判断说明：显示中如果出现接收通道 6 数值为 0，表示心率传感器没有上传数据，正常数值是每个值都不一样，会变化，如果显示一个值或没有变化说明传感器有故障。

1. 搭建硬件环境

首先将心率传感器使用 I2C 的方式连接到蓝牙通信模块上，如图 3-3-9 所示，并给设备上电。

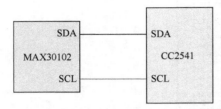

图 3-3-9 将心率传感器使用 I2C 的方式连接到蓝牙通信模块上

2. 打开 SimpleBLEPeripheral 从机工程

将本书配套资料中 BLE-CC254x-1.3.2.exe 软件进行安装，安装完成后，打开 C:\Texas Instruments\BLE-CC254x-1.3.2\Projects\ble\SimpleBLEPeripheral\CC2541DB\SimpleBLEPeripheral.eww 工程，在 Workspace 栏内选择 CC2541。

3. 更改代码

1）设置设备配对名称

在 simpleBLEPeripheral.c 文件中，更改设备的名称（该名称就是平时用手机搜索到的蓝牙名称），参照下列代码进行更改。

```
1.    static uint8 scanRspData[] =
2.    {
3.      // 设置蓝牙设备名称
4.      0x13,    // 数据的长度，原本是0x14
5.      GAP_ADTYPE_LOCAL_NAME_COMPLETE,
6.      'N',       //  0x53,   //  'S'
7.      'L',       //  0x69,   //  'p'
8.      'E',       //  0x6d,   //  'E'
9.      ' ',       //  0x70,   //  'r'
10.     'B',       //  0x6c,   //  'i'
11.     'L',       //  0x65,   //  'p'
12.     'E',       //  0x42,   //  'h'
13.     ' ',       //  0x65,   //  'e'
14.     'H',       //  0x72,   //  'r'
15.     'e',       //  0x61,   //  'a'
16.     'a',       //  0x6c,   //  'l'
17.     'r',
18.     't',
19.     ' ',
20.     'R',
```

```
21.    'a',
22.    't',
23.    'e',
24.    // 设置连接的区间范围
25.    0x05,   //数据长度
26.    GAP_ADTYPE_SLAVE_CONN_INTERVAL_RANGE,
27.    LO_UINT16( DEFAULT_DESIRED_MIN_CONN_INTERVAL ),   // 100ms
28.    HI_UINT16( DEFAULT_DESIRED_MIN_CONN_INTERVAL ),
29.    LO_UINT16( DEFAULT_DESIRED_MAX_CONN_INTERVAL ),   // 1s
30.    HI_UINT16( DEFAULT_DESIRED_MAX_CONN_INTERVAL ),
31.    //设置Tx功率水平
32.    0x02,   // 数据长度
33.    GAP_ADTYPE_POWER_LEVEL,
34.    0       // 0dBm
35.  };
```

程序分析：第 4 行，0x13 表示后面跟着的蓝牙设备名称的字节长度是 19 字节，即第 5 行～
23 行是设备的名称，原本是 SpEriphera1，这里要求每个人自己设置一个自己的名称，用于跟
其他组进行区别，如果长度不是 19 字节，那么第 4 行的数值就需要更改。

2）添加心率传感器库文件

将配套资料中的 heartRate_Config.h、MAX30102.c 和 MAX30102.h 文件复制到工程目录下
的 Projects\ble\SimpleBLEPeripheral\Source 中。将 MAX30102.c 和头文件 heartRate_Config.h 添
加到工程 APP 中，如图 3-3-10 所示。

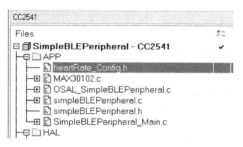

图 3-3-10　添加库文件

在 simpleBLEPeripheral.c 文件中添加 3 个头文件，参考如下代码。

```
1.    #include heartRate_Config.h
2.    #include max30102.h
3.    #include "npi.h"
```

3）添加心率传感器程序

在 void SimpleBLEPeripheral_Init(uint8 task_id)初始化函数中，添加心率传感器的初始化程
序，参考下列第 5 行和第 6 行代码。

```
1.    void SimpleBLEPeripheral_Init( uint8 task_id )
2.    {
3.      /*省略一些代码*/
4.    /****************初始化max30102********************************/
5.      maxim_max30102_reset();           //让心率传感器芯片重启
6.      maxim_max30102_init();            //初始化心率传感器芯片程序
7.    /************************************************************/
```

```
8.        /*省略一些代码*/
9.        osal_set_event( simpleBLEPeripheral_TaskID, SBP_START_DEVICE_EVT );
10.    }
```

程序分析： 协议栈在上电运行时首先会调用 SimpleBLEPeripheral_Init 函数，对应用程序进行初始化，所以在该函数中添加第 5 和第 6 两行代码，让心率传感器程序跟着协议栈进行初始化。第 9 行在应用程序层设置了一个 SBP_START_DEVICE_EVT 事件，使程序跳转至事件处理函数去处理该函数。

4）添加轮询按键事件和心率传感器数值采集函数

在事件处理函数 SimpleBLEPeripheral_ProcessEvent 中，添加 SBP_KEY_POLLING_EVT 事件和 SBP_HEART_RATE_EVT，如下所示。

```
1.    uint16 SimpleBLEPeripheral_ProcessEvent( uint8 task_id, uint16
events )
2.    {
3.      …
4.      if ( events & SBP_START_DEVICE_EVT )
5.      {
6.        //启动设备，这里不改动
7.        VOID GAPRole_StartDevice( &simpleBLEPeripheral_PeripheralCBs );
8.        // 启动栈管理注册，这里不改动
9.        VOID GAPBondMgr_Register( &simpleBLEPeripheral_BondMgrCBs );
10.       // 定时触发第一个周期事件，这里不改动
11.       osal_start_timerEx( simpleBLEPeripheral_TaskID, SBP_PERIODIC_EVT,
12.                 SBP_PERIODIC_EVT_PERIOD );
13.       // 定时触发第一次轮询按键事件
14.       osal_start_timerEx( simpleBLEPeripheral_TaskID,
SBP_KEY_POLLING_EVT,
15.                 SBP_KEY_POLLING_EVT_PERIOD );
16.       // 设置第一次读取心率传感器值的事件
17.       osal_start_timerEx( simpleBLEPeripheral_TaskID,
SBP_HEART_RATE_EVT,
18.                 SBP_TEST_HEART_PERIOD );
19.       return ( events ^ SBP_START_DEVICE_EVT );
20.     }
21.     …
22.     if ( events & SBP_KEY_POLLING_EVT )
23.     {
24.       if ( SBP_KEY_POLLING_EVT_PERIOD )
25.       { // 重新定时触发轮询按键事件
26.         osal_start_timerEx( simpleBLEPeripheral_TaskID,
SBP_KEY_POLLING_EVT,
27.                 SBP_KEY_POLLING_EVT_PERIOD );
28.       }
29.       //每隔100ms就执行下面按键周期轮询任务函数，扫描按键是否按下
30.       keyPollingPeriodicTask( );
31.       return (events ^ SBP_KEY_POLLING_EVT);
32.     }
33.     //测试心率事件
```

```
34.    if ( events & SBP_HEART_RATE_EVT )
35.    {
36.     // 重启定时器
37.     if ( SBP_TEST_HEART_PERIOD )
38.     {
39.       osal_start_timerEx( simpleBLEPeripheral_TaskID,
SBP_HEART_RATE_EVT,
40.                      SBP_TEST_HEART_PERIOD );
41.     }
42.    /*************执行周期性应用任务**************/
43.    redAdcSampleProcess();    //读取心率传感器的AD值
44.    /**********测量超时计时进程***********/
45.    if(flagStartTest)
46.    {//测量心率脉搏中
47.      uint16 gapConnHandle;
48.      uint16 dataTemp;
49.      testTimeGoing++;
50.      if(testTimeGoing>TEST_TIME_THRESHOLD)   //测量超时
51.      {
52.        GAPRole_GetParameter(GAPROLE_CONNHANDLE, &gapConnHandle);
53.        MyNotification(gapConnHandle,0x04,(uint32)(100),0x00);
                              //数据发给手机
54.        flagTestTimeout=true;
55.        flagStartTest=false;
56.      }
57.      else
58.      {
59.        if((testTimeGoing>testTimeGoingStep)&&
60.                  (testTimeGoing<TEST_TIME_THRESHOLD))
61.      {//每隔1s发送测量进度通知,事件定时20ms周期, 20*50=1000ms
62.        dataTemp=(uint16)((testTimeGoing*100.0)/TEST_TIME_THRESHOLD);
63.        GAPRole_GetParameter(GAPROLE_CONNHANDLE, &gapConnHandle);
64.        MyNotification(gapConnHandle,0x04,(uint32)dataTemp,0x00);
            //发送
65.        testTimeGoingStep=testTimeGoingStep+50;
66.      }
67.      }
68.    }
69.    else
70.    {
71.      testTimeGoing=0;
72.      testTimeGoingStep=50;
73.      flagTestTimeout=false;
74.    }
75.    return (events ^ SBP_HEART_RATE_EVT);
76.    }
77.   return 0;     //丢弃未知事件
78.  }
```

程序分析： 添加第 17 行代码，设置一个 SBP_HEART_RATE_EVT 事件，第 39 行代码再次设置一个 SBP_HEART_RATE_EVT 事件，使得程序每过 20ms 就采集异常心率传感器的数值，34～77 行代码需要我们进行添加，主要功能是获取心率传感器的数值。第 30 行代码中的 keyPollingPeriodicTask( ) 函数主要处理按键轮询。第 43 行中的 redAdcSampleProcess( ) 函数主要负责获取心率传感器的 AD 值。第 64 行中的 MyNotification( ) 函数用于发送心率传感器数据。

4．效果显示

在 Android 手机上安装"蓝牙通信模块采集心率显示程序.apk"软件，通过该软件查看蓝牙通信模块上传的心率传感器数值。

将代码编译并生成.hex 文件，下载到蓝牙通信模块上。

给蓝牙通信模块上电，此时连接/通讯灯未亮，电路如图 3-3-11 所示，说明蓝牙通信模块还未广播蓝牙信号。按下功能键（SW3）持续 1.5 秒以上，电路如图 3-3-12 所示，连接/通讯灯快速闪烁，说明蓝牙通信模块正在广播蓝牙信号。

图 3-3-11　连接灯与 CC2541 连接图

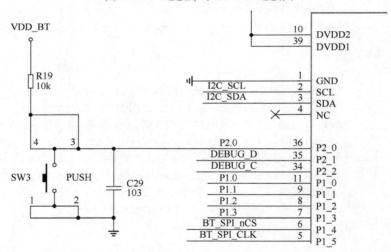

图 3-3-12　SW3 与 CC2541 连接图

安装手机端软件，将配套资料中的"蓝牙通信模块采集心率显示程序.apk"软件安装在安卓手机上，如图 3-3-13 所示（软件运行时要允许软件打开蓝牙功能）。

点击图 3-3-13 中的设置按钮，进入图 3-3-14 所示界面，可以看到目前手机没有搜索到可用的设备，此时点击扫描设备会扫描到附件的蓝牙信号，选中相应的蓝牙名称，如图 3-3-15 所示，在蓝牙设备名称后面会出现一个"√"符号，说明此时手机已经和你要匹配的蓝牙设备匹配上。蓝牙通信模块上的连接/通讯灯这个时候闪烁得速度变慢。

将手机软件退回到图 3-3-13 所示界面，将手指放到心率传感器模块上，此时手机软件上会显示出你的心率情况，如图 3-3-16 所示。

图 3-3-13 手机端软件

图 3-3-14 设置界面

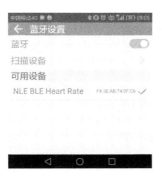

图 3-3-15 选中蓝牙名称

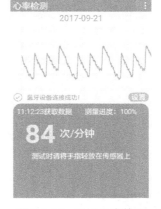

图 3-3-16 显示心率情况

原本代码中，必须按住按键 1.5 秒以上才能使蓝牙通信模块广播信号，现要求更改代码，使蓝牙通信模块一上电就能广播蓝牙信号，以便手机搜索到蓝牙通信模块。

3.4 通过蓝牙采集红外数据任务

采用两块蓝牙通信模块，将两块蓝牙通信模块固定在实验设备平台上。一个模块作为从机（SimpleBLEPeripheral 工程），另一个模块作为主机（SimpleBLECentral 工程），使主从机建立连接，要求从机采集红外对射传感器的数据，通过蓝牙通信方式传送给主机，PC 通过串口调试软件观察主机收到的数据。

此任务可以以 TI 提供的 SimpleBLEPeripheral 和 SimpleBLECentral 工程为例进行代码修改，从机与主机之间建立连接的流程如图 3-4-1 所示。

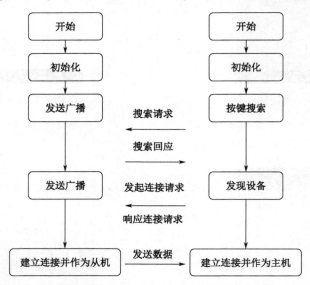

图 3-4-1 从机与主机之间建立连接的流程

1. 红外传感器模块性能检测

可以使用万用表检测红外传感器引脚输出电平。

① 红外对射 1 的性能检测，当有障碍物时，测量对射输出 1 的引脚，应为高电平。无障碍物时，应为低电平。

② 红外反射 1 的性能检测，当有障碍物时，用万用表分别测量反射输出 1 引脚，应为低电平。将障碍物慢慢靠近红外反射 1 时，反射 AD 输出 1 的电压要慢慢变低。

以上若测出来的电压不符合上面的要求时，该传感器有故障。

2. BLE-Stack 协议栈节点关键函数及代码

1）节点设备的可发现状态

以 SimpleBLEPeripheral 工程作为节点设备的程序，当初始化完成之后，以广播的方式向外界发送数据，此时节点设备处于可发现状态。可发现状态有两种模式：受限的发现模式和不受限的发现模式，其中前者是指节点设备在发送广播时，如果没有收到集中器设备发来的建立连接请求，则只保持 30s 的可发现状态，然后转为不可被发现的待机状态；而后者是节点设备在没有收到集中器设备的连接请求时，一直发送广播，永久处于可被发现的状态。

在 simpleBLEPeripheral.c 文件中，数组 advertData[]定义节点设备发送的广播数据。

```
1.    static uint8 advertData[] =
2.    { 0x02,                                      //发现模式的数据长度
3.     GAP_ADTYPE_FLAGS,                           //广播类型标志为0x01
4.     DEFAULT_DISCOVERABLE_MODE | GAP_ADTYPE_FLAGS_BREDR_NOT_SUPPORTED,
5.     0x03,                          //设备GAP基本服务UUID的数据段长度为3字节
6.     GAP_ADTYPE_16BIT_MORE,         //定义UUID为16bit, 即2字节数据长度
7.     LO_UINT16( SIMPLEPROFILE_SERV_UUID ),      //UUID低8位数据
8.     HI_UINT16( SIMPLEPROFILE_SERV_UUID ),      //UUID高8位数据
9.    };
```

程序分析：第 4 行，定义节点设备的可发现模式，这里为不受限的发现模式。第 5～8 行，只有 GAP 服务的 UUID 相匹配，两设备才能建立连接，蓝牙通信中有两个非常重要的服务，一个是 GAP 服务，负责建立连接；另一个是 GATT 服务，负责连接后的数据通信。

2）节点设备搜索回应的数据

在 simpleBLEPeripheral.c 文件中，当节点设备（从机）接收到集中器（主机）的搜索请求信号时，定义了回应如下内容。

```
1.    static uint8 scanRspData[] =
2.    { 0x14,      // 节点设备名称数据长度，20字节数据
3.     GAP_ADTYPE_LOCAL_NAME_COMPLETE,    //指明接下来的数据为本节点设备的名称
4.     0x53,      // 'S'
5.     0x69,      // 'i'
6.     ...
7.     0x05,      //连接间隔数据段长度，占5字节
8.     GAP_ADTYPE_SLAVE_CONN_INTERVAL_RANGE,//指明下面是连接间隔的数值
9.     LO_UINT16( DEFAULT_DESIRED_MIN_CONN_INTERVAL ),    //最小值为100ms
10.    HI_UINT16( DEFAULT_DESIRED_MIN_CONN_INTERVAL ),
11.    LO_UINT16( DEFAULT_DESIRED_MAX_CONN_INTERVAL ),    //最大值为1s
12.    HI_UINT16( DEFAULT_DESIRED_MAX_CONN_INTERVAL ),
13.    0x02,      //发射功率数据长度，占2字节
14.    GAP_ADTYPE_POWER_LEVEL,//指明下面的数据为发射功率，可调范围为-127～127dBm
15.    0          //发射功率设置为0dBm
16.   };
```

当集中器设备接收到节点设备搜索回应的数据后，向节点设备发送连接请求，节点设备接收请求并作为从机进入连接状态。

3）节点初始化函数

在 TI 的 BLE-Stack 协议栈中，从机和主机都是基于 OSAL 系统的程序结构，很多方面有类似的内容。在 simpleBLEPeripheral.c 文件中 SimpleBLEPeripheral_Init( )函数对节点进行初始化。

```
1.    void SimpleBLEPeripheral_Init( uint8 task_id )
2.    { simpleBLEPeripheral_TaskID = task_id;
3.     // 设置GAP角色，这是从机与主机建立连接的重要部分
4.     VOID GAP_SetParamValue( TGAP_CONN_PAUSE_PERIPHERAL,
      DEFAULT_CONN_PAUSE_PERIPHERAL );
5.     // Setup the GAP Peripheral Role Profile
6.     { #if defined( CC2540_MINIDK )
7.        uint8 initial_advertising_enable = FALSE;  //需要按键启动
```

```
8.      #else
9.        uint8 initial_advertising_enable = TRUE;   //不需要按键启动
10.     #endif
11.     //注意：以下9个GAPRole_SetParameter()函数用于设置GAP角色参数，请看源码
12.     ...
13.   }
14.   //设置GAP角色配对与绑定
15.   { uint32 passkey = 0; // passkey "000000"  绑定密码
16.     ...
17.   }
18.   //设置Profile的特征值
19.   { uint8 charValue1 = 1;
20.     uint8 charValue2 = 2;
21.     uint8 charValue3 = 3;
22.     uint8 charValue4 = 4;
23.     uint8 charValue5[SIMPLEPROFILE_CHAR5_LEN] = { 1, 2, 3, 4, 5 };
24.     uint8 charValue6[SIMPLEPROFILE_CHAR6_LEN] = "abcdefghij";
25.     //以下设置Profile的特征值的初值
26.     ...
27.   }
28.   //注册特征值改变时的回调函数
29.   VOID
SimpleProfile_RegisterAppCBs( &simpleBLEPeripheral_SimpleProfileCBs );
30.   //启动BLE从机，开始进入任务函数循环
31.   osal_set_event( simpleBLEPeripheral_TaskID, SBP_START_DEVICE_EVT );
32. }
```

程序分析： 虽然任务初始化函数很复杂，如 GAP（负责连接参数设置，第 3～17 行）、GATT（负责主从通信参数设置，第 18～29 行）参数设置，还有启动事件 SBP_START_DEVICE_ EVT（第 31 行），启动该事件之后，进入系统事件处理函数。

4）事件处理函数

在 simpleBLEPeripheral.c 文件中，SimpleBLEPeripheral_ProcessEvent( )函数对从机的事件进行处理。

```
1.   uint16 SimpleBLEPeripheral_ProcessEvent( uint8 task_id, uint16
events )
2.   { VOID task_id;                              //预防报错
3.     if( events & SYS_EVENT_MSG )               //系统事件，包括按键
4.     { uint8 *pMsg;
5.       if((pMsg = osal_msg_receive(simpleBLEPeripheral_TaskID)) != NULL)
6.       {    simpleBLEPeripheral_ProcessOSALMsg((osal_event_hdr_t *)pMsg );
7.            VOID osal_msg_deallocate( pMsg );    //释放OSAL信息内存
8.       }
9.       return (events ^ SYS_EVENT_MSG);         //返回未处理事件
10.    }
11.    if ( events & SBP_START_DEVICE_EVT )       //初始化函数启动的事件
12.    { //传递设备状态改变时的回调函数
13.      VOID GAPRole_StartDevice( &simpleBLEPeripheral_PeripheralCBs );
14.      VOID GAPBondMgr_Register( &simpleBLEPeripheral_BondMgrCBs );//绑
```

定注册

```
    15.        osal_start_timerEx( simpleBLEPeripheral_TaskID,
SBP_PERIODIC_EVT,
    16.                    SBP_PERIODIC_EVT_PERIOD );
    17.      return ( events ^ SBP_START_DEVICE_EVT );
    18.    }
    19.    if ( events & SBP_PERIODIC_EVT )                //周期性事件
    20.    { if ( SBP_PERIODIC_EVT_PERIOD )
    21.      {   osal_start_timerEx( simpleBLEPeripheral_TaskID,
SBP_PERIODIC_EVT,
    22.                    SBP_PERIODIC_EVT_PERIOD );
    23.      }
    24.      performPeriodicTask();                        //调用周期任务函数
    25.      return (events ^ SBP_PERIODIC_EVT);
    26.    }
    27.  #if defined ( PLUS_BROADCASTER )
    28.    if ( events & SBP_ADV_IN_CONNECTION_EVT )       //连接事件
    29.    { uint8 turnOnAdv = TRUE;
    30.
GAPRole_SetParameter(GAPROLE_ADVERT_ENABLED,sizeof(uint8),&turnOnAdv );
    31.      return (events ^ SBP_ADV_IN_CONNECTION_EVT);
    32.    }
    33.  #endif // PLUS_BROADCASTER
    34.    return 0;
    35.  }
```

程序分析：该函数处理的事件包括系统事件、节点设备启动事件、周期性事件及其他事件，关键要理解的是以下两点。

① 节点设备在初始化函数中启动了一个 SBP_START_DEVICE_EVT 事件，该事件在该函数中被处理，处理的内容包括：开启节点设备，并传递设备状态改变时的回调函数（第 13 行）；开启绑定管理，并传递绑定管理回调函数（第 14 行）；以及启动周期事件（第 15 行）。

② VOID GAPRole_StartDevice(&simpleBLEPeripheral_PeripheralCBs)函数中的回调函数的作用：当设备状态改变时，会自动调用该函数，具体在 simpleBLEPeripheral.c 和 peripheral.h 文件中定义。

```
//********************以下代码在peripheral.h中定义********************
typedef void (*gapRolesStateNotify_t)( gaprole_States_t newState );
typedef void (*gapRolesRssiRead_t)( int8 newRSSI );
typedef struct
{ gapRolesStateNotify_t     pfnStateChange;
  gapRolesRssiRead_t        pfnRssiRead;
} gapRolesCBs_t;
//****************以下代码在simpleBLEPeripheral.c中定义****************
static gapRolesCBs_t simpleBLEPeripheral_PeripheralCBs =
{ peripheralStateNotificationCB, // 状态改变回调函数
  NULL
};
//******************************************************************
static void peripheralStateNotificationCB( gaprole_States_t newState )
```

```
        { switch ( newState )
          { case GAPROLE_STARTED:                     //设备启动 GAPROLE_STARTED=0x01
            {   ...
                HalLcdWriteString( bdAddr2Str( ownAddress ), HAL_LCD_LINE_2 );
//显示设备地址
                HalLcdWriteString( "Initialized", HAL_LCD_LINE_3 );
//显示初始化完成字符
              #endif // (defined HAL_LCD) && (HAL_LCD == TRUE)
            }
            break;
          case GAPROLE_ADVERTISING:                   //广播=0x02
            {#if (defined HAL_LCD) && (HAL_LCD == TRUE)
                HalLcdWriteString( "Advertising", HAL_LCD_LINE_3 );//显示广播字符
              #endif // (defined HAL_LCD) && (HAL_LCD == TRUE)
            }
            break;
          case GAPROLE_CONNECTED:                      //已连接=0x05
            ...      break;
          case GAPROLE_WAITING:                        //断开连接=0x03
            ...      break;
          case GAPROLE_WAITING_AFTER_TIMEOUT:     //超时等待=0x04
            ...      break;
          case GAPROLE_ERROR:                          //错误状态=0x06
            ...      break;
          default:
            ...
          }
```

程序分析： 该函数处理节点设备启动、广播等 6 个状态，并将状态显示在 LCD 上，也可以打印到串口。

3. 主机连接过程关键代码讲解

SimpleBLECentral 工程作为主机，默认状态要使用 Joystick 按键来启动主、从机连接。主机连接过程大概可以分为初始化、按键搜索节点设备、按键查看搜索到的从机、按键选择从机并连接等环节。

1）初始化

打开 SimpleBLECentral.eww 工程，路径为…Projects\ble\SimpleBLECentral\CC2541。

SimpleBLECentral_Init(uint8 task_id)函数关键代码分析

```
1.      void SimpleBLECentral_Init( uint8 task_id )
2.      { simpleBLETaskId = task_id;
3.        { uint8 scanRes = DEFAULT_MAX_SCAN_RES;   //最大的扫描响应从机个数,8个
4.
GAPCentralRole_SetParameter(GAPCENTRALROLE_MAX_SCAN_RES,sizeof(uint8),
    &scanRes );
5.        }   //设置主机最大扫描从机个数 8个，即主机可以与8个从机中的任意一个建立连接
6.        //************** 省略：GAP服务设置 绑定管理设置代码，详见源程序********
7.        VOID GATT_InitClient();     //初始化客户端
```

```
8.      GATT_RegisterForInd( simpleBLETaskId );              //注册GATT
9.      GGS_AddService( GATT_ALL_SERVICES );                 // GAP
10.     GATTServApp_AddService( GATT_ALL_SERVICES );         // GATT 属性
11.     RegisterForKeys( simpleBLETaskId );                  //注册按键服务
12.     osal_set_event( simpleBLETaskId, START_DEVICE_EVT ); //主机启动事件
13.   }
```

程序分析：该初始化函数的功能如下。

① 设置主机最大扫描节点设备的个数，默认为 8 个。

② GAP 服务设置，绑定管理设置，GATT 属性初始化，注册按键服务。

③ 第 7 行，初始化客户端，注意：SimpleBLECentral 工程对应 Client（客户端）、主机，而 SimpleBLEPeripheral 工程对应 Service（服务器）、从机。Client（客户端）会调用 GATT_WriteCharValue 或 GATT_ReadCharValue 来和 Service（服务器）通信；但是 Service（服务器）只能通过 notify 的方式，也就是调用 GATT_Notification 发起和 Client（客户端）的通信。

④ 第 12 行，设置一个事件——主机启动事件，进入系统事件处理函数。

2）事件处理函数

SimpleBLECentral_ProcessEvent( )事件处理函数关键代码分析

```
1.    uint16 SimpleBLECentral_ProcessEvent( uint8 task_id, uint16 events )
2.    { VOID task_id;
3.      if(events & SYS_EVENT_MSG)      //系统消息事件，按键触发、GATT等事件
4.      { uint8 *pMsg;
5.        if ((pMsg = osal_msg_receive( simpleBLETaskId )) != NULL )
6.        {   simpleBLECentral_ProcessOSALMsg((osal_event_hdr_t *)pMsg);
7.            VOID osal_msg_deallocate( pMsg );
8.        }
9.        return (events ^ SYS_EVENT_MSG);
10.     }
11.     if (events & START_DEVICE_EVT)
                                  //初始化之后，开始启动主机（最先执行该事件）
12.     { VOID GAPCentralRole_StartDevice(
                          (gapCentralRoleCB_t *)&simpleBLERoleCB);
13.       GAPBondMgr_Register( (gapBondCBs_t *) &simpleBLEBondCB );
14.       return ( events ^ START_DEVICE_EVT );
15.     }
16.     if(events & START_DISCOVERY_EVT)     //主机开始扫描BLE从机的service
17.     {   simpleBLECentralStartDiscovery( );
//该事件是主机发起连接,还未发现从机时会调用
18.         return ( events ^ START_DISCOVERY_EVT );
19.     }
20.     return 0;
21.   }
```

程序分析：第 12、13 行，开始启动主机，并且传递了两个回调函数地址：simpleBLERoleCB 和 simpleBLEBondCB。

```
1.    // GAP服务（角色）回调函数
2.    static const gapCentralRoleCB_t simpleBLERoleCB =
3.    { simpleBLECentralRssiCB,         //RSSI信号值回调函数
4.      simpleBLECentralEventCB         //GAP事件回调函数，告知主机当前的状态
```

```
5.    };
6.    // 绑定管理回调函数
7.    static const gapBondCBs_t simpleBLEBondCB =
8.    { simpleBLECentralPasscodeCB,
9.      simpleBLECentralPairStateCB
10.   };
```

程序分析：第 4 行 simpleBLECentralEventCB 回调函数很复杂，通知用户主机当前的状态。如：主机初始化完毕，在 LCD 上显示"BLE Central"和主机的设备地址。

```
1.    static void simpleBLECentralEventCB( gapCentralRoleEvent_t *pEvent )
2.    { switch ( pEvent->gap.opcode )
3.    { case GAP_DEVICE_INIT_DONE_EVENT:    //主机已经初始化完毕
4.        { LCD_WRITE_STRING( "BLE Central", HAL_LCD_LINE_1 );
5.          LCD_WRITE_STRING(bdAddr2Str(pEvent->initDone.devAddr),
HAL_LCD_LINE_2);
6.        }
7.      break;
8.      case GAP_DEVICE_INFO_EVENT:
9.          ···      break;
10.     case GAP_DEVICE_DISCOVERY_EVENT:    //发现了BLE从机
11.         ···      break;
12.     case GAP_LINK_ESTABLISHED_EVENT:    //完成建立连接
13.         ···
14.         sal_start_timerEx(simpleBLETaskId,START_DISCOVERY_EVT,
DEFAULT_SVC_DISCOVERY_DELAY)
15.         ···      break;
16.     case GAP_LINK_TERMINATED_EVENT:
17.         ···      break;
18.     case GAP_LINK_PARAM_UPDATE_EVENT:
19.         ···      break;
20.   }}
```

程序分析：

① 第 14 行，完成建立连接时，定时触发 START_DISCOVERY_EVT 事件，事件在 SimpleBLECentral_ProcessEvent( )事件函数中处理。

② 第 16、17 行，主机扫描从机，通过调用 simpleBLECentralStartDiscovery( )函数，开始扫描从机的 Service。该事件在主机发起连接，若还未发现从机 Service 时会调用。

4．按键搜索、查看、选择、连接节点设备

SimpleBLECentral 工程默认采用按键进行从机搜索、连接，当有按键动作时，会触发 KEY_CHANGE 事件，进入 simpleBLECentral_HandleKeys( )函数。按键功能见表 3-4-1。

表 3-4-1　SimpleBLECentral 工程默认的按键功能

按　键	功　能
UP	开始或停止设备发现，连接后可读写特征值
LEFT	显示扫描到的节点设备，在 LCD 中滚动显示

续表

按　键	功　能
RIGHT	连接更新
CENTER	建立或断开当前连接
DOWN	启动或关闭周期发送 RSSI 信号值

simpleBLECentral_HandleKeys( )函数说明：

```
static void simpleBLECentral_HandleKeys( uint8 shift, uint8 keys )
{ if( keys & HAL_KEY_UP )                              //开始或停止设备发现
    { if(simpleBLEState != BLE_STATE_CONNECTED)    //判断有没有连接
      { if( !simpleBLEScanning )                    //判断主机是否正在扫描
        {simpleBLEScanning = TRUE;          //若没有正在扫描，则执行以下代码
        simpleBLEScanRes = 0;
        LCD_WRITE_STRING( "Discovering...", HAL_LCD_LINE_1 );
        LCD_WRITE_STRING( "", HAL_LCD_LINE_2 );
        GAPCentralRole_StartDiscovery( DEFAULT_DISCOVERY_MODE,
                                  DEFAULT_DISCOVERY_ACTIVE_SCAN,
                                  DEFAULT_DISCOVERY_WHITE_LIST );
        }else
        {GAPCentralRole_CancelDiscovery();}          //主机正在扫描，则取消扫描
      }else if( simpleBLEState == BLE_STATE_CONNECTED &&
              simpleBLECharHdl != 0 &&
              simpleBLEProcedureInProgress == FALSE )  //处于连接状态
    {//以下省略：读写特征值代码
  }
if(keys & HAL_KEY_LEFT)                              //显示发现结果
{ if( !simpleBLEScanning && simpleBLEScanRes> 0)
//主机处于正扫状态？并扫到的设备为0？
  { simpleBLEScanIdx++;                              //用于滚动显示多个设备的索引
    if(simpleBLEScanIdx >= simpleBLEScanRes)        //索引是否大于扫描到的数量
    { simpleBLEScanIdx = 0; }                        //若是，则对索引清零
      LCD_WRITE_STRING_VALUE( "Device", simpleBLEScanIdx + 1, 10,
HAL_LCD_LINE_1 );
          LCD_WRITE_STRING( bdAddr2Str( simpleBLEDevList[simpleBLEScanIdx]
.addr ),HAL_LCD_LINE_2 );//根据索引号显示对应的设备
  } }
if(keys & HAL_KEY_RIGHT) //连接更新
{ if( simpleBLEState == BLE_STATE_CONNECTED )          //主机处于连接状态？
    {GAPCentralRole_UpdateLink( simpleBLEConnHandle,
                        DEFAULT_UPDATE_MIN_CONN_INTERVAL,
                        DEFAULT_UPDATE_MAX_CONN_INTERVAL,
                        DEFAULT_UPDATE_SLAVE_LATENCY,
                        DEFAULT_UPDATE_CONN_TIMEOUT );
} }
if(keys & HAL_KEY_CENTER )                            //建立或断开当前连接
{ uint8 addrType;
uint8 *peerAddr;
  if(simpleBLEState == BLE_STATE_IDLE )
```

```
    { if( simpleBLEScanRes > 0 )    //若有扫描到的设备，则主机与该设备建立连接
     { peerAddr = simpleBLEDevList[simpleBLEScanIdx].addr;
         addrType = simpleBLEDevList[simpleBLEScanIdx].addrType;
         simpleBLEState = BLE_STATE_CONNECTING;
         GAPCentralRole_EstablishLink( DEFAULT_LINK_HIGH_DUTY_CYCLE,
                             DEFAULT_LINK_WHITE_LIST,
                             addrType, peerAddr );
         LCD_WRITE_STRING( "Connecting", HAL_LCD_LINE_1 );
         LCD_WRITE_STRING( bdAddr2Str( peerAddr ), HAL_LCD_LINE_2 );
     } }
    else if( simpleBLEState == BLE_STATE_CONNECTING ||
            simpleBLEState == BLE_STATE_CONNECTED )
//若处于正在连接或已连接，则断开
     { simpleBLEState = BLE_STATE_DISCONNECTING;       //未连接
       gStatus = GAPCentralRole_TerminateLink( simpleBLEConnHandle );
       LCD_WRITE_STRING( "Disconnecting", HAL_LCD_LINE_1 );
     } }
if(keys & HAL_KEY_DOWN)                    //开始或取消RSSI信号值的周期性显示
{ if( simpleBLEState == BLE_STATE_CONNECTED )        //主机是否处于连接状态
   { if ( !simpleBLERssi )
    { simpleBLERssi = TRUE;
      GAPCentralRole_StartRssi(simpleBLEConnHandle,DEFAULT_RSSI_PERIOD);
    } else
    { simpleBLERssi = FALSE;
      GAPCentralRole_CancelRssi( simpleBLEConnHandle );
      LCD_WRITE_STRING( "RSSI Cancelled", HAL_LCD_LINE_1 );
} } } }
```

1. 编写从机程序

1）特征值的定义

通过添加新的特征值，来进一步理解特征值的 UUID、属性，以及参数设置、读写函数等概念和用法，新添加的特征值见表 3-4-2。

表 3-4-2　新添加的特征值

特征值编号	数据长度（字节）	属　　性	UUID
CHAR6	10	不能直接读写，通过通知发送	FFF6

2）在 Profiles 中添加特征值

将本书配套资料中 BLE-CC254x-1.3.2.exe 软件进行安装，安装完成后，打开 C:\Texas Instruments\BLE-CC254x-1.3.2\Projects\ble\SimpleBLEPeripheral\CC2541DB\SimpleBLEPeripheral.eww 工程，在 Workspace 栏内选择 CC2541。

在 simpleGATTprofile.h 文件中添加 CHAR6 相关参数。

```
    #define SIMPLEPROFILE_CHAR6                   5
```

```
#define SIMPLEPROFILE_CHAR6_UUID          0xFFF6
#define SIMPLEPROFILE_CHAR6_LEN           10
```

在 simpleGATTprofile.c 文件中添加 CHAR6 的 UUID。

```
//Characteristic 6 UUID: 0xFFF6
CONST uint8 simpleProfilechar6UUID[ATT_BT_UUID_SIZE] =
{LO_UINT16(SIMPLEPROFILE_CHAR6_UUID), HI_UINT16(SIMPLEPROFILE_CHAR6_UUID) };
```

在 simpleGATTprofile.c 文件中添加 CHAR6 的属性。

```
// Simple Profile Characteristic 6 Properties 通知发送
static uint8 simpleProfileChar6Props = GATT_PROP_NOTIFY;
static uint8 simpleProfileChar6[SIMPLEPROFILE_CHAR6_LEN] = "abcdefghij";
static gattCharCfg_t simpleProfileChar6Config[GATT_MAX_NUM_CONN];
static uint8 simpleProfileChar6UserDesp[17] = "Characteristic 6\0";
```

在 simpleGATTprofile.c 文件中添加修改特征值属性表。

在特征值属性表数组 simpleProfileAttrTbl 内，把 CHAR6 特征值的申明、属性、配置和描述加入属性表。

```
static gattAttribute_t simpleProfileAttrTbl[SERVAPP_NUM_ATTR_SUPPORTED] =
{                                           },
// Characteristic 6 申明、属性、配置和描述
 {{ ATT_BT_UUID_SIZE, characterUUID },GATT_PERMIT_READ,0,
                 &simpleProfileChar6Props },
 { { ATT_BT_UUID_SIZE, simpleProfilechar6UUID }, 0, 0,
                 &simpleProfileChar6 },
 { { ATT_BT_UUID_SIZE, clientCharCfgUUID }, GATT_PERMIT_READ |
             GATT_PERMIT_WRITE, 0, (uint8 *)simpleProfileChar6Config },
 { { ATT_BT_UUID_SIZE, charUserDescUUID },GATT_PERMIT_READ,0,
                 simpleProfileChar6UserDesp},
```

同时将 "SERVAPP_NUM_ATTR_SUPPORTED" 宏定义修改为 21，即：

```
#define SERVAPP_NUM_ATTR_SUPPORTED    21      //原来为17，现增加4个成员
```

3）特征值的相关函数与初始化

在 simpleGATTprofile.c 文件中修改设置参数函数。

```
bStatus_t SimpleProfile_SetParameter( uint8 param, uint8 len, void *value )
{ bStatus_t ret = SUCCESS;
  switch ( param )
  { ...
   case SIMPLEPROFILE_CHAR6:
     if(len == SIMPLEPROFILE_CHAR6_LEN )
     { VOID osal_memcpy(simpleProfileChar6,value,
                 SIMPLEPROFILE_CHAR6_LEN );
      //当CHAR6改变时，从机将调用此函数通知主机CHAR6的值改变了
          GATTServApp_ProcessCharCfg(simpleProfileChar6Config,
                          &simpleProfileChar6,FALSE,
          simpleProfileAttrTbl,GATT_NUM_ATTRS(simpleProfileAttrTbl),
                          INVALID_TASK_ID );
     }
     else
     { ret = bleInvalidRange; }
     break;
  ...
```

程序分析：对于 CHAR6 来说，使用通知机制，当从机自己把数据改变时，主机会主动来读取数据。

在 simpleGATTprofile.c 文件中添加获得参数函数。

```
bStatus_t SimpleProfile_GetParameter( uint8 param, void *value )
{ bStatus_t ret = SUCCESS;
  switch ( param )
  { …
    case SIMPLEPROFILE_CHAR6:
      VOID osal_memcpy( value,
                        simpleProfileChar6,
                        SIMPLEPROFILE_CHAR6_LEN );
      break;
  …
```

在 simpleGATTprofile.c 文件中添加读特征值函数。

```
static uint8 simpleProfile_ReadAttrCB(uint16 connHandle,gattAttribute_t
*pAttr, uint8 *pValue, uint8 *pLen,uint16 offset, uint8 maxLen )
{   switch ( uuid )
  { …
    case SIMPLEPROFILE_CHAR6_UUID:
        *pLen = SIMPLEPROFILE_CHAR6_LEN;
        VOID osal_memcpy( pValue,
                          pAttr->pValue,
                          SIMPLEPROFILE_CHAR6_LEN );
      break;
  …
```

程序分析：上述 ReadAttrCB 函数包含在 gattServiceCBs_t 类型的结构体里，在 simpleGATTprofile.c 文件中定义，具体如下：

```
CONST gattServiceCBs_t simpleProfileCBs =
{ simpleProfile_ReadAttrCB,       // Read callback function pointer
  simpleProfile_WriteAttrCB,      // Write callback function pointer
  NULL                            // Authorization callback function pointer
};
```

这个结构体在 simpleGATTprofile.c 文件中，使用 GATTServApp_RegisterService( )注册服务时，被作为底层读写的回调函数。在底层协议栈（被封装成库）对应用层读写特征值时，它们是被调用的。其实我们知道怎么注册服务、如何修改这两个函数即可，具体怎么被调用不用关心，毕竟底层调用无法跟踪。

另外，这两个函数是从机自动调用的，其中 ReadAttrCB( )函数是从机向主机发送数据时（采用通知的方式），主机自动来读取数据，当数据读取完成时，主机返回信息，从机自动调 ReadAttrCB( )函数。WriteAttrCB( )函数是主机向从机写数据，从机接到主机申请时，自动调用 simpleProfile_WriteAttrCB→simpleProfileChangeCB 处理。

在 simpleBLEPeripheral.c 文件中进行 CHAR6 的初始化。

```
void SimpleBLEPeripheral_Init( uint8 task_id )
{ …
  uint8 charValue6[SIMPLEPROFILE_CHAR6_LEN] = "abcdefghij";
  SimpleProfile_SetParameter(SIMPLEPROFILE_CHAR6, SIMPLEPROFILE_CHAR6_LEN,
```

```
                                        charValue6);
        ...
```

4）添加串口初始化函数

在 simpleBLEPeripheral.c 文件中对 SimpleBLEPeripheral_Init( )函数添加串口初始化代码。

```
1.    void SimpleBLEPeripheral_Init( uint8 task_id )
2.    { ...
3.      NPI_InitTransport(NULL);                        //初始化串口，无回调函数
4.      NPI_WriteTransport("Hello NEWLab!\n",14);       //串口打印
5.      ...
6.    }
```

5）从机接收红外对射数据，并更新 CHAR6 特征值数据

```
1.    static void performPeriodicTask( void )
2.    { if(hongWaiValue != P1_2)
3.      { hongWaiValue = P1_2;
4.        if(hongWaiValue == 0)
5.          SimpleProfile_SetParameter( SIMPLEPROFILE_CHAR6,
6.                          SIMPLEPROFILE_CHAR6_LEN,"有遮挡" );
7.        else
8.          SimpleProfile_SetParameter( SIMPLEPROFILE_CHAR6,
9.                          SIMPLEPROFILE_CHAR6_LEN,"无遮挡" );
10.   }  }
```

程序分析：第 5 行和第 8 行，将"有遮挡"和"无遮挡"数据写入 CHAR6 特征值。

此时，服务器（从机）将通知客户端（主机）CHAR6 的值改变了，应读取该值。注意：写入的数据"有遮挡"和"无遮挡"，前面须留一个空格。

2．编写主机程序

1）主机采集串口指令

打开 SimpleBLECentral.eww 工程，路径为…Projects\ble\SimpleBLECentral\CC2541。

由于蓝牙模块没有 Joystick 按键，所以采用串口发指令方式代替按键，串口指令 1、2、3、4、5 分别对应 Joystick 按键的 UP、LEFT、RIGHT、CENTER、DOWN。需要把按键程序移植到串口接收处理函数 NpiSerialCallback( )中，在 simpleBLECentral.c 文件中添加 NpiSerialCallback( )函数，具体如下：

```
static void NpiSerialCallback( uint8 port, uint8 events )
{ (void)port;
  uint8 numBytes = 0;
  uint8 buf[5];
  if (events & HAL_UART_RX_TIMEOUT)       //串口有数据?
  { numBytes = NPI_RxBufLen();            //读出串口缓冲区有多少字节
    NPI_ReadTransport(buf,numBytes);      //读出串口缓冲区的数据
    if ( buf[0] == 0x01 )                 //UP
    { …代码与UP键原有代码一样       }
    if ( buf[0] == 0x02 )                 //LEFT
    { …代码与LEFT键原有代码一样     }
    if ( buf[0] == 0x03 )                 //RIGHT
    { …代码与RIGHT键原有代码一样    }
```

```
            if ( buf[0] == 0x04 )                        //CENTER
            { …代码与CENTER键原有代码一样        }
            if ( buf[0] == 0x05 )                        //DOWN
            { …代码与DOWN键原有代码一样          }
      } }
```

2）添加从机向主机发送数据代码，实现主从机串口透传

采用通知机制，从机接收红外对射的数据，并对 CHAR6 写入数据，再通知主机来读取。

配置主机打开 CHAR6 的通知功能，对 CHAR6 的 Handle+1 写入 0x0001，即打开 CHAR6 的通知功能，CHAR6 的 Handle 为 0x0035，所以对 0x0036 写入 0x0001。把这些代码放在主机连接参数更新完成之后。

```
    static void simpleBLECentralEventCB( gapCentralRoleEvent_t *pEvent )
    {    …
     case GAP_LINK_PARAM_UPDATE_EVENT:          //更新参数
        {  attWriteReq_t req;
           LCD_WRITE_STRING( "Param Update", HAL_LCD_LINE_1 );
           req.handle = 0x0036;
           req.len = 2;
           req.value[0] = 0x01;
           req.value[1] = 0x00;
           req.sig = 0;
           req.cmd = 0;
           GATT_WriteCharValue( simpleBLEConnHandle, &req, simpleBLETaskId );
           NPI_WriteTransport("Enable Notice\n",14);
        }
        break;…
```

3）主机响应 CHAR6 的通知，并得到从机发送的数据，上传给 PC。

使能通知功能后，当服务器（从机）有数据更新的通知时，客户端（主机）接到通知，并触发 GATT 事件。在 GATT 事件处理函数中添加如下代码：

```
    static void simpleBLECentralProcessGATTMsg( gattMsgEvent_t *pMsg )
    {    …
     else if ( simpleBLEDiscState != BLE_DISC_STATE_IDLE )
     {  simpleBLEGATTDiscoveryEvent( pMsg );  }
     else if (( pMsg->method == ATT_HANDLE_VALUE_NOTI ))   //通知事件
     {  if( pMsg->msg.handleValueNoti.handle == 0x0035)
        {  if(pMsg->msg.handleValueNoti.value[0]>=10)
           {  NPI_WriteTransport(&pMsg->msg.handleValueNoti.value[1],10 );
              NPI_WriteTransport("...\n",4 );
           }
           else
           {  NPI_WriteTransport(&pMsg->msg.handleValueNoti.value[1],
              pMsg->msg.handleValueNoti.value[0] );
     } } } }
```

4）初始化

打开 SimpleBLECentral.eww 工程，路径为…Projects\ble\SimpleBLECentral\CC2541。在函数 SimpleBLECentral_Init(uint8 task_id)中添加串口初始化函数。

```
    1.    void SimpleBLECentral_Init( uint8 task_id )
```

```
2.    { ...
3.      NPI_InitTransport(NpiSerialCallback);
4.      NPI_WriteTransport("NEWLab\n",7);
5.      ...
6.    }
```

3. 给主从机下载程序测试功能

1）硬件线路连接

如图 3-4-2 所示，该任务使用红外反射传感器的输出口 J2 作为传感器输出口，使用信号线将红外发射传感器 J2 与从机蓝牙通信模块的 P1.2 口相连即可。

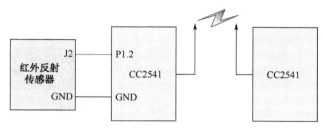

图 3-4-2　硬件线路连接图

2）给从机下载程序

将从机的串口连接至 PC，在 Workspace 栏内选择"CC2541"，编译下载程序到蓝牙通信模块中，上电运行，在串口调试软件上显示从机名称（BLE Peripheral）、芯片厂家（Texas Instruments）、设备地址（0x78A5047A5272）、初始化完成提示字符（Initialized）和设备广播状态（Advertising），如图 3-4-3 所示。

3）给主机下载程序

将主机的串口连接至 PC，编译下载程序到蓝牙通信模块中，上电运行，在串口调试软件上显示主机名称（BLE Central）、芯片厂家（Texas Instruments）和设备地址（0x78A504856D1F），如图 3-4-4 所示。

图 3-4-3　从机启动信息

图 3-4-4　主机启动信息

4）功能测试

断开从机与 PC 串口的连接，保持主机的串口继续与 PC 相连。

● 主机对应的 PC 串口发送指令"1"，搜索节点设备。

● 主机对应的 PC 串口发送指令"2"，查看搜索的节点设备，显示节点设备的编号。

● 主机对应的 PC 串口发送指令"4"，与搜索到的节点设备进行连接，显示与节点设备连接等相关信息。以上主从机连接过程中，串口显示的信息如图 3-4-5 所示。

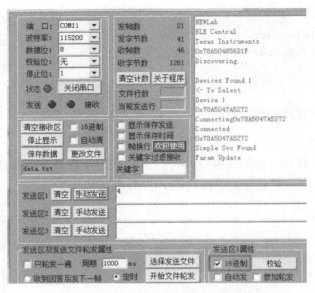

图 3-4-5 主机连接过程中串口的显示信息

● 将手放置在从机的反射传感器上面，此时会发送，串口工具上显示"有障碍"，将手移开，串口工具上显示"无障碍"，如图 3-4-6 所示。

图 3-4-6 障碍物现象显示信息

任务拓展

与其他组成员一起配合，使用 2 块从机和 1 块主机进行实验，当 PC 串口工具发送 01 和 02 时，查看 PC 串口工具上返回的信息，有何不同？

第 4 章　Wi-Fi 无线通信应用

本章简介

　　本章的主要内容是传感器和无线传感网络中的 Wi-Fi 通信的技术应用，主要由"通过 Wi-Fi 模块采集空气质量传感数据"和"通过 Wi-Fi 控制 LED 灯工作"两个任务构成。第 1 个任务介绍 Wi-Fi 协议栈的基础知识。第 2 个任务介绍 Wi-Fi 通信模块如何使用 Wi-Fi 传输数据。通过学习和完成这两个任务，可使读者对 Wi-Fi 无线通信的开发与使用有一个初步的了解，也为后续的综合项目学习提供基本的理论知识和操作技能。

章节目标

- 理解 Wi-Fi 的概念和特点。
- 了解 Wi-Fi 通信的技术。
- 理解空气质量传感器的概念和特点。
- 了解 Socket 的概念和特点。

章节任务

4.1　Wi-Fi 介绍

1. 什么是 Wi-Fi

Wi-Fi 的英文全称为 Wireless Fidelity，在无线局域网的范畴内是指"无线相容性认证"，实质上是一种商业认证，同时也是一种无线联网的技术，以前通过网线连接计算机，而现在通过无线电波来联网。常见的是无线路由器，在这个无线路由器的电波覆盖的有效范围内都可以采用 Wi-Fi 连接方式进行联网，如果无线路由器连接了一条 ADSL 线路或别的上网线路，则又被称为"热点"。

Wi-Fi 是一种允许电子设备连接到一个无线局域网（WLAN）的技术，通常使用 2.4G UHF 或 5G SHF ISM 射频频段。连接到无线局域网通常是有密码保护的；但也可是开放的，这样就允许任何在 WLAN 范围内的设备可以连接上。Wi-Fi 是一个无线网络通信技术的品牌，由 Wi-Fi 联盟所持有，目的是改善基于 IEEE 802.11 标准的无线网络产品之间的互通性。有人把使用 IEEE 802.11 系列协议的局域网称为无线保真，甚至把 Wi-Fi 等同于无线网络（Wi-Fi 是 WLAN 的重要组成部分）。

2．Wi-Fi 的应用

1）网络媒体

由于无线网络的频段在世界范围内是无需任何电信运营执照的，因此 WLAN 无线设备提供了一个世界范围内可以使用的，费用极其低廉且数据带宽极高的无线空中接口（图 4-1-1）。用户可以在 Wi-Fi 覆盖区域内快速浏览网页，随时随地接听拨打电话。而其他一些基于 WLAN 的宽带数据应用，如流媒体、网络游戏等功能更是值得用户期待。有了 Wi-Fi 功能我们打长途电话（包括国际长途）、浏览网页、收发电子邮件、下载音乐、传递数码照片等，无须担心速度慢和花费高的问题。Wi-Fi 技术与蓝牙技术一样，同属于在办公室和家庭中使用的短距离无线技术。

图 4-1-1　Wi-Fi 提供的无线空中接口

2）掌上设备

无线网络在掌上设备上应用越来越广泛，而智能手机就是其中一份子。与早前应用于手机上的蓝牙技术不同，Wi-Fi 具有更大的覆盖范围和更高的传输速率，因此 Wi-Fi 手机成为了 2010 年移动通信业界的时尚潮流（图 4-1-2）。

3）日常休闲

2010 年无线网络的覆盖范围在国内越来越广泛，高级宾馆、豪华住宅区、飞机场及咖啡厅之类的区域都有 Wi-Fi 接口。当我们去旅游、办公时，就可以在这些场所使用我们的掌上设备尽情上网冲浪了。厂商只要在机场、车站、咖啡店、图书馆等人员较密集的地方设置"热点"，并通过高速线路将 Internet 接入上述场所。这样，由于"热点"所发射出的电波可以达到距接入点半径数十米至 100m 的地方，用户只要将支持 Wi-Fi 的笔记本电脑、PDA 或手机等拿到该区域内，即可高速接入 Internet。

图 4-1-2　Wi-Fi 手机

4）客运列车

2014 年 11 月 28 日 14 时 20 分，中国首列开通 Wi-Fi 服务的客运列车——广州至香港九龙 T809 次直通车从广州东站出发，标志中国铁路开始了 Wi-Fi（无线网络）时代。列车 Wi-Fi 开通后，不仅可观看车厢内部局域网的高清影院、玩社区游戏，还能直达外网，刷微博、发邮件，以 10～50 兆的带宽与世界连通（图 4-1-3）。

图 4-1-3　Wi-Fi 用于客运列车

4.2　通过 Wi-Fi 模块采集空气质量传感数据

 **任务要求**

选用一块 Wi-Fi 通信模块，作为服务端外接一个空气质量传感器，Wi-Fi 通信模块负责将采集回来的空气质量传感器的数据通过串口输出给 PC，PC 上显示出空气质量的信号输出电压数值。

　　本任务要求实现空气质量传感器通过 Wi-Fi 通信模块传输，我们需要知道空气质量传感器的相关知识和空气质量传感器如何将信号传送给 Wi-Fi 通信模块。

　　建议读者带着以下问题进行本任务的学习和实践：

● 什么是空气质量传感器？
● 气体传感器模块的原理结构是什么？
● Wi-Fi 通信模块使用什么下载程序？
● Wi-Fi 通信程序是用什么软件开发的？

1. 空气质量传感器介绍

　　空气质量传感器又叫做气敏传感器，气敏传感器是一种把气体中的特定成分检测出来，并把它转换为电信号的器件。它具有结构简单，使用方便，性能稳定、可靠，灵敏度高等优点。

　　早期它主要用于可燃性气体泄漏报警，用于安全监督。后来逐渐应用于有害气体检测、管道和容器的检漏、环境监测、锅炉和汽车的燃烧检测与控制（减少有害气体排放，控制雾霾源头）、工业过程控制（工业生产中的成分和物性参数都是直接的控制指标）等。

　　按照气体传感器的结构特性，一般可以分为以下几种：

　　半导体型气敏传感器、电化学型气敏传感器、固体电解质气敏传感器、接触燃烧式气敏传感器、光化学型气敏传感器、高分子气敏传感器、红外吸收式气敏传感器等。

　　下面介绍半导体型气敏传感器的特性参数。

　　1）气敏元件的电阻值

　　气敏元件在常温下洁净空气中的电阻值称为气敏元件的固有电阻值。

　　2）气敏元件的灵敏度

　　这是表征气敏元件对于被测气体的敏感程度的指标。它表示气体敏感元件的电参量（如电阻型气敏元件的电阻值）与被测气体浓度之间的依从关系。

　　4）气敏元件的响应时间

　　它表示在工作温度下，气敏元件对被测气体的响应速度。一般从气敏元件与一定浓度的被测气体接触时开始计时，直到气敏元件的阻值达到在此浓度下的稳定电阻值的 63% 时为止，所需时间称为气敏元件在此浓度下的被测气体中的响应时间。

　　5）气敏元件的恢复时间

　　表示在工作温度下，被测气体由该元件上解吸的速度，一般从气敏元件脱离被测气体时开始计时，直到其阻值恢复到在洁净空气中阻值的 63% 时所需的时间。

　　6）初期稳定时间

　　长期在非工作状态下存放的气敏元件，因表面吸附空气中的水分或其他气体，导致其表面状态发生变化，在加上电负荷后，随着元件温度的升高，发生解吸现象。因此，使气敏元件恢复正常工作状态需要一定的时间，这段时间称为气敏元件的初期稳定时间。

7）气敏元件的加热电阻和加热功率

气敏元件一般工作在 200℃ 以上高温中。为气敏元件提供必要工作温度的加热电路的电阻（指加热器的电阻值）称为加热电阻。直热式的加热电阻一般小于 5Ω，旁热式的加热电阻大于 20Ω。气敏元件正常工作所需的加热电路功率，称为加热功率。一般在 0.5～2.0W。

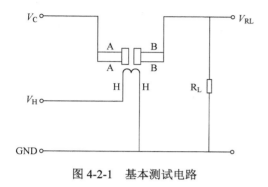

图 4-2-1　基本测试电路

2. 气体传感器的测量电路

图 4-2-1 是传感器的基本测试电路。该传感器需要施加两个电压：加热器电压（V_H）和测试电压（V_C）。其中 V_H 用于为传感器提供特定的工作温度。V_C 则用于测定与传感器串联的负载电阻（R_L）上的电压（V_{RL}）。这种传感器具有轻微的极性，V_C 需用直流电源。在满足传感器电性能要求的前提下，V_C 和 V_H 可以共用同一个电源电路。为更好利用传感器的性能，需要选择恰当的 R_L 值。

3. MQ-2 气体传感器说明

MQ-2 烟雾传感器所使用的气敏材料是在清洁空气中电导率较低的二氧化锡（SnO_2）。当传感器所处环境中存在可燃气体时，传感器的电导率随空气中可燃气体浓度的增加而增大。使用简单的电路即可将电导率的变化转换为与该气体浓度相对应的输出信号。

MQ-2 气体传感器对液化气、丙烷、氢气的灵敏度高，对天然气和其他可燃蒸气的检测也很理想。这种传感器可检测多种可燃性气体，是一款适合多种应用的低成本传感器，主要用于家庭用气体泄漏报警器、工业用可燃气体报警器、便携式气体检测器等。

4. 认识空气质量传感模块

气体传感器模块电路如图 4-2-2 所示。

MQ-2 气体传感器 1、3 脚的电压受空气中有害气体的浓度影响，输出相应的电压信号，该点作为 LM393 中比较器 1 的正端（3 脚）输入电压。采集电位器（VR1）调节端的电压作为比较器 1 负端（2 脚）输入电压。比较器 1 根据两个电压的情况进行对比，输出端（1 脚）输出相应的电平信号。

调节 VR1，调节比较器 1 正端的输入电压，设置对应的空气体浓度灵敏度，即阈值电压。当气体正常或有害气体浓度较低时，传感器的输出电压小于阈值电压，比较器 1 脚输出为低电平电压；当出现有害气体（液化气等）且浓度超过阈值时，传感器的输出电压增大，传感器输出电压增大，大于阈值电压，比较器 1 脚输出高电平。

5. 空气质量传感的检测

使用万用表测量 J6 的电压值，电压值范围为 0～3.3V，可以使用打火机的可燃气体对着气体传感器进行喷气，喷的越久环境中可燃气体的浓度越高，万用表的电压值越大，反之，可燃气体浓度越低，万用表电压数值越低，出现该现象，则空气质量传感器判断为良品。

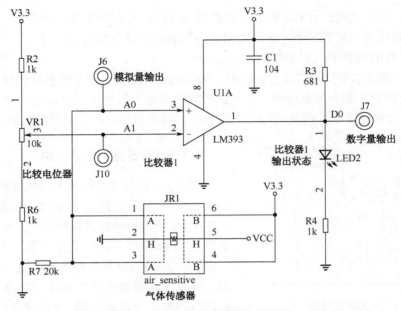

图 4-2-2　气体传感器模块电路图

6．Wi-Fi 通信模块介绍

Wi-Fi 通信模块使用的是 ESP8266 芯片，该芯片最大的特点是性价比高。ESP8266 是一家完整且自成体系的 Wi-Fi 网络解决方案，能够搭载软件应用，或通过另一个应用处理器卸载所有 Wi-Fi 网络功能。

ESP8266 强大的片上处理和存储能力，使其可通过 GPIO 口集成传感器及其他应用的特定设备，实现了最低的前期开发成本和运行中最少地占用系统资源。ESP8266 高度片内集成，包括天线开关 balun、电源管理转换器，因此仅需极少的外部电路，且包括前端模块在内的整个解决方案在设计时将所占 PCB 空间降到最低。

ESP8266 配套有一套软件开发工具包（SDK），该 SDK 为用户提供了一套数据接收、发送的函数接口，用户不必关心底层网络，如 Wi-Fi、TCP/IP 等的具体实现，只需要专注于物联网上层应用的开发，利用相应接口完成网络数据的收发即可。ESP8266 物联网平台的所有网络功能均在库中实现，对用户不透明。用户应用的初始化功能可以在 user_main.c 中实现。void user_init(void)是上层程序的入口函数，给用户提供一个初始化接口，用户可在该函数内增加硬件初始化、网络参数设置、定时器初始化等功能。

官方 SDK 分为 NON-OS 版本和 RTOS 版，RTOS 版 SDK 采用的是 FreeRTOS 实时操作系统与 Lwip 网络协议栈。使用 RTOS 进行开发有很多 NON-OS 版本无法体会的好处，所以这里我们使用 ESP8266_RTOS_SDK 进行讲解。

SDK 软件包中包含了进行二次开发所需的头文件、库文件及其他编译所需的文件，如图 4-2-3 所示。

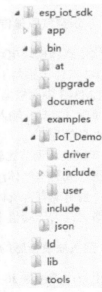

图 4-2-3　SDK 软件包结构

- "app"目录为用户工作主目录，用户级代码及头文件均放在此目录下编译。
- "bin"目录存放须下载到 Flash 的 bin 文件，其中：

  "at"文件夹中存放的是 Espressif 提供的支持 AT+指令的 bin 文件。

  "upgrade"文件夹中存放的是编译生成的支持云端升级的 bin 文件（user1.bin 或 user2.bin）。
- "bin"文件夹根目录中存放的是编译生成的不支持云端升级的 bin 文件，和其他 Espressif 提供的 bin 文件。
- "examples"目录存放 SDK 的上层示例代码，使用时须将子目录（例如 IoT_Demo 目录）下的所有内容复制到"app"目录下编译。
- "include"目录为 SDK 自带头文件，包含了用户可使用的相关 API 函数及其他宏定义，用户不用修改。
- "ld"目录存放了 SDK 软件编译链接时所需文件，用户不用修改。
- "lib"目录存放了 SDK 编译所需库文件。
- "tools"目录存放了编译生成 bin 文件所需的工具，用户不用修改。

1. 创建工程

在 espressif 官网上可以下载 SDK 代码库文件 esp_iot_sdk_v1.2.0_15_07_03.zip。

新建一个工程文件夹，命名为 esp_server（该名字可以随意取）。

将压缩包 esp_iot_sdk_v1.2.0_15_07_03.zip 中的 bin、ld、tools 文件夹和 Makefile 文件复制到 esp_server 文件夹中，如图 4-2-4 所示。

如图 4-2-5 所示运行 AITHINKER-ESP8266-SDK-v2.0 文件夹中的 ESP8266IDE.exe。

图 4-2-4　esp_serrer 文件夹

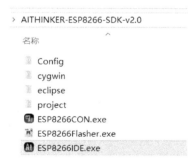

图 4-2-5　运行开发软件

1）使用 ESP8266IDE 软件导入 esp_server 工程

选择 file→import→C/C++→Existing Code as Makefile Project，单击 Browse 按钮选择 esp_server 文件夹路径，Toolchain for Indexer Settings 选择 Cygwin GCC，然后单击 Finish，如图 4-2-6 所示。

2）配置工程文件

按图 4-2-7 所示框架完成工程的文件添加，红色方框中的文件到 IoT_Demo 案例中复制（路径为 esp_iot_sdk_v1.2.0\examples）。

图 4-2-6　导入工程

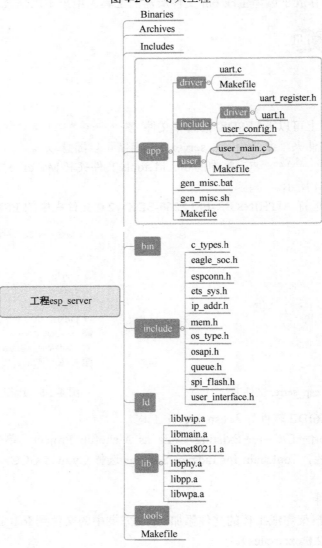

图 4-2-7　工程框架

图 4-2-7 中的 user_main.c 文件需要自己创建一个空白的.c 文件，我们主要在该文件中编写代码。

3）图 4-2-8 为最终的工程效果图

图 4-2-8　最终的工程效果图

删除 app 中的 Makefile 文件里的-ljson、-lupgrade、-lssl、-lpwm、-lsmartconfig 这五行代码，如图 4-2-9 所示。

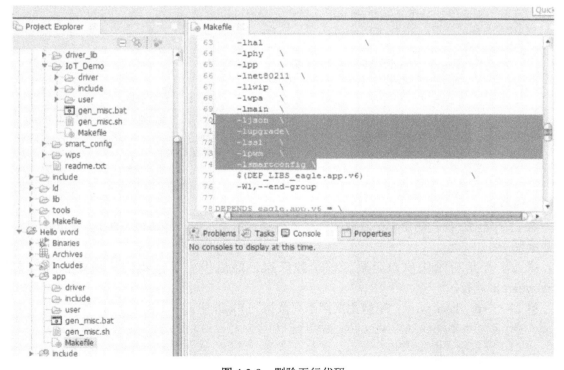

图 4-2-9　删除五行代码

2. 编写代码

打开 user_main.c 文件。

```
1.    /*
2.     * user_main.c
3.     *
4.    #include "driver/uart.h"                //添加串口头文件
5.    #include "osapi.h"
6.    #include "user_interface.h"
7.    #include "espconn.h"                    //用于调用广播通信
8.    #include "mem.h"                        //用于调用os_zalloc
9.    #include "stdlib.h"
10.
11.   ETSTimer test_timer;
12.
13.   void ICACHE_FLASH_ATTR user_udp_send(void){
14.       uint32 adc;
15.       adc = system_adc_read();
16.       adc = adc*330/1024;                //电压值转换
17.       os_printf("空气质量传感器的电压为：%dmv\r\n",adc);
18.
19.       os_timer_disarm(&test_timer);
20.       os_timer_setfn(&test_timer,user_udp_send,NULL);
21.       os_timer_arm(&test_timer,1000,1);
22.   }
23.   void user_init(){
24.       uart_init(115200,115200);
25.       uint8 vdd33=33; //设置为3.3V
26.       spi_flash_erase_sector(0x7c);      //擦除0x7C中信息
27.       spi_flash_write(0x7c*4096+107,(uint32 *)&vdd33,sizeof(uint8));
28.       //设置adc内存
29.       user_udp_send();                   //发送数据
30.   }
31.   void user_rf_pre_init(){}              //防止报错
```

程序分析：

第 13 行至 22 行代码主要是获取空气质量传感器的电压值，并通过方法 os_printf( )进行串口数据发送。

第 24 行是初始化串口函数，该函数厂家已经提供好了，我们只需要包含头文件"driver/uart.h"就行。

第 27 行 spi_flash_write( )函数主要用于写数据到 Flash 中。

```
SpiFlashOpResult spi_flash_write (
    uint32 des_addr,
    uint32 *src_addr,
    uint32 size
)
```

参数如下。

uint32 des_addr：写入 Flash 的目的地址。

uint32 *src_addr：写入数据的指针。

uint32 size：数据长度。

3．编译下载

1）编译工程

将修改后的代码保存，然后右键单击客户端工程 esp_server，选择 Build Project 选项，如图 4-2-10 所示。

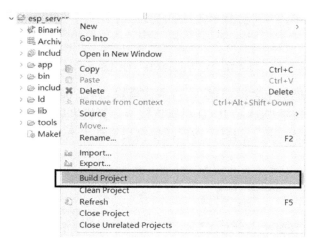

图 4-2-10　选择 Build Project 选项

进入编译工程状态，需要等待其完成，时间比较长（图 4-2-11）。

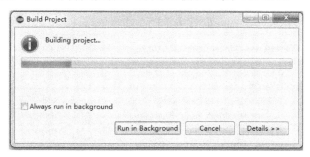

图 4-2-11　进入编译工程状态

如图 4-2-12 所示，在 console 中提示编译工程成功。

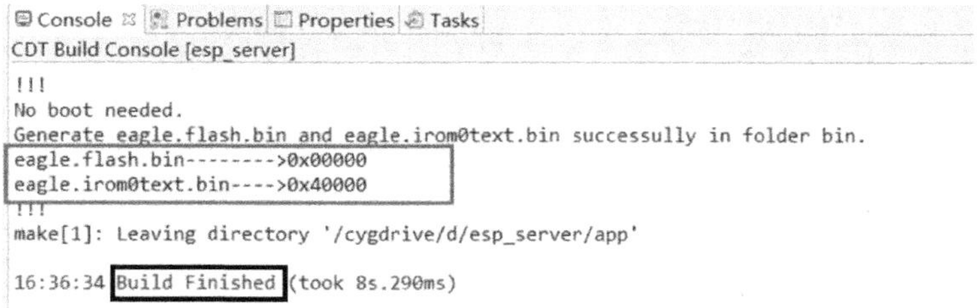

```
Console  Problems  Properties  Tasks
CDT Build Console [esp_server]
!!!
No boot needed.
Generate eagle.flash.bin and eagle.irom0text.bin successully in folder bin.
eagle.flash.bin-------->0x00000
eagle.irom0text.bin---->0x40000
!!!
make[1]: Leaving directory '/cygdrive/d/esp_server/app'

16:36:34 Build Finished (took 8s.290ms)
```

图 4-2-12　在 console 中提示编译工程成功

2）下载程序至 Wi-Fi 通信模块中

打开烧写工具，在 FLASH_DOWNLOAD_TOOLS_v2.4_150924 文件夹下，如图 4-2-13 所示。

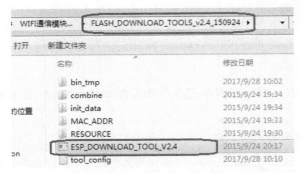

图 4-2-13　FLASH_DOWNLOAD_TOOLS_v2.4_150924 文件夹

下载程序到 Wi-Fi 模块上之前需要 Wi-Fi 通信模块 ESP8266 进行硬件线路连接，如图 4-2-14 所示：将 ESP8266 芯片的 TXD 和 RXD 引脚连接至计算机串口，GPIO0 引脚连接低电平，下载前需要按下 Wi-Fi 通信模块上的复位按钮，使模块重新上电。

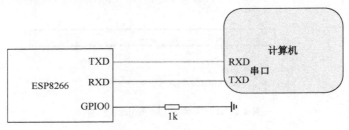

图 4-2-14　硬件线路连接

设置烧写工具烧写的程序路径，如图 4-2-15 所示。

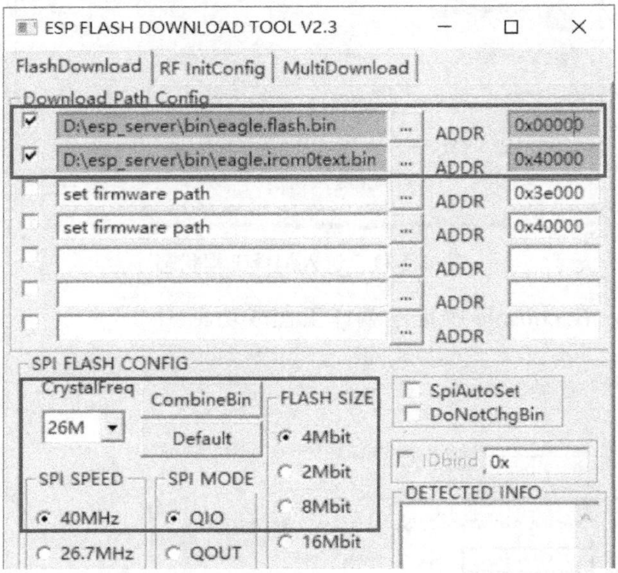

图 4-2-15　设置烧写工具烧写的程序路径

设置串口号和波特率（图 4-2-16），启动下载。

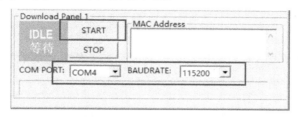

图 4-2-16　设置串口号和波特率

Wi-Fi 通信模块程序下载完后，将 ESP8266 芯片的 TXD 和 RXD 引脚断开与计算机串口的连接，GPIO0 引脚连接高电平，将 Wi-Fi 设置为运行模式。

4．硬件设备连线

参考图 4-2-17 连接硬件线路，空气质量传感器模块的模拟量输出口 J6 与 Wi-Fi 通信模块（服务端）的 ADC0 口相连，Wi-Fi 通信模块（服务端）JP2 拨到 J6 位置，JP1 拨到启动模式。Wi-Fi 通信模块（客户端）JP2 拨到 J9 位置，JP1 拨到启动位置。

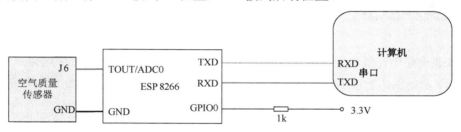

图 4-2-17　硬件设备连线

5．任务效果展示

如图 4-2-18 所示，运行串口助手软件，单击设置按钮，弹出设置对话框，配置串口号和波特率（115200），取消十六进制显示选项，单击确定，即可看到采集的数据。

图 4-2-18　采集的数据

将空气质量传感器换成人体红外传感器，将人体红外传感器的数据通过 Wi-Fi 通信模块的串口上传至计算机进行显示。

4.3 通过 Wi-Fi 控制 LED 灯工作

使用计算机与 Wi-Fi 通信模块进行通信，计算机发送字符 N 时可以控制 Wi-Fi 通信模块外接的 LED 灯点亮，计算机发送字符 0 时可以控制 Wi-Fi 通信模块外接的 LED 灯熄灭。

本任务要求使用计算机发送命令给 Wi-Fi 通信模块，从而控制 LED 灯点亮，所以我们需要知道 Wi-Fi 通信模块驱动 LED 灯的相关知识和计算机是如何与 Wi-Fi 通信模块传递信号的。

建议读者带着以下问题进行本任务的学习和实践：

● Wi-Fi 通信模块如何驱动 LED 灯？
● Wi-Fi 通信模块的数据通信方式是什么？
● 什么是 Socket？

本次任务要求通过 Wi-Fi 通信模块驱动 LED 灯，这里我们使用的 LED 灯采用 12V 的工作电压，而 Wi-Fi 通信模块输出的信号最大为 3.3V，所以 Wi-Fi 通信模块要驱动 12V 的 LED 灯工作，就必须使用继电器。

1. 继电器

继电器是一种当输入量（电、磁、声、光、热）达到一定值时，输出量将发生跳跃式变化，使被控制的输出电路导通或断开的自动控制器件（图 4-3-1），可分为电气量（如电流、电压、频率、功率等）继电器及非电气量（如温度、压力、速度等）继电器两大类，它具有动作快、工作稳定、使用寿命长、体积小等优点，广泛应用于电力保护、自动化、运动、遥控、测量和通信等装置中。

继电器是一种电子控制器件，它具有控制系统（又称输入回路）和被控制系统（又称输出回路），通常应用于自动控制电路中，它实际上是用较小的电流去控制较大电流的一种"自动开关"，故在电路中起着自动调节、安全保护、转换电路等作用。

图 4-3-1 继电器

电磁式继电器一般由铁芯、线圈、衔铁、触点簧片等组成。只要在线圈两端加上一定的电压，线圈中就会流过一定的电流，从而产生电磁效应，衔铁就会在电磁力吸引的作用下克服返回弹簧的拉力吸向铁芯，从而带动衔铁的动触点与静触点（常开触点）吸合。当线圈断电后，电磁的吸力也随之消失，衔铁就会在弹簧的反作用力下返回原来的位置，使动触点与原来的静触点（常闭触点）吸合。这样吸合、释放，从而达到了在电路中的导通、切断的目的。对于继电器的"常开、常闭"触点，可以这样来区分：继电器线圈未通电时处于断开状态的静触点称为"常开触点"，处于接通状态的静触点称为"常闭触点"。

此温度测量模块中的继电器模块电路图如图 4-3-2 所示。当 4 脚出现高电平时，继电器线圈 1、4 间得电，这时常开 2 脚闭合，常闭 3 脚断开。

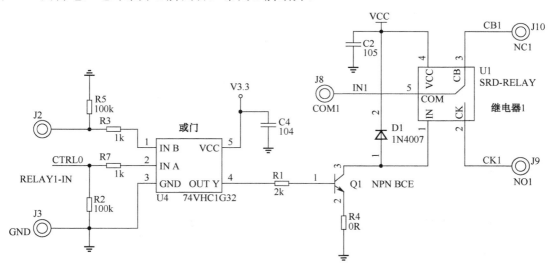

图 4-3-2 继电器模块电路图

2. 网络通信相关介绍

网络通信方式主要有 TCP 和 UDP 两种方式。

UDP 和 TCP 的主要区别是两者在如何实现信息的可靠传递方面不同。

TCP 中包含了专门的传递保证机制，当数据接收方收到发送方传来的信息时，会自动向发送方发出确认消息；发送方只有在接收到该确认消息之后才继续传送其他信息，否则将一直等待直到收到确认信息为止。

TCP 的网络通信的基本操作单元是套接字（Socket），Socket 非常类似于电话插座。Socket 通信过程如图 4-3-3 所示。

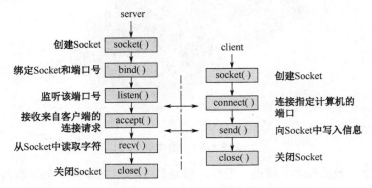

图 4-3-3　Socket 通信过程

与 TCP 不同，UDP 并不提供数据传送的保证机制。如果在从发送方到接收方的传递过程中出现数据报的丢失，协议本身并不能做出任何检测或提示。因此，通常人们把 UDP 称为不可靠的传输协议。

相对于 TCP，UDP 的另外一个不同之处在于如何接收突发性的多个数据报。不同于 TCP，UDP 并不能确保数据的发送和接收顺序。

例如，一个位于客户端的应用程序向服务器发出了以下 4 个数据报：

- A
- BB
- CCC
- DDDD

但是 UDP 有可能按照以下顺序将所接收的数据提交到服务端的应用：

- CCC
- A
- DDDD
- BB

事实上，UDP 的这种乱序性基本上很少出现，通常只会在网络非常拥挤的情况下才有可能发生。

本次任务我们将采用 UDP 的方式传送数据，因为 UDP 的最大优点在于传输速率比 TCP 高。

3．UDP 的应用

既然 UDP 是一种不可靠的网络协议，那么还有什么使用价值或必要呢？其实不然，在有些情况下 UDP 可能会变得非常有用。因为 UDP 具有 TCP 望尘莫及的速率优势。虽然 TCP 中植入了各种安全保障功能，但是在实际执行的过程中会占用大量的系统开销，无疑使速率受到严重的影响。反观 UDP 由于排除了信息可靠传递机制，将安全和排序等功能移交给上层应用来完成，极大降低了执行时间，使速率得到了保证。

关于 UDP 的最早规范是 RFC768，1980 年发布。尽管时间已经很长，但是 UDP 仍然继续在主流应用中发挥着作用。包括视频电话会议系统在内的许多应用都证明了 UDP 的存在价值。

因为相对于可靠性来说，这些应用更加注重实际性能，所以为了获得更好的使用效果（例如，更高的画面帧刷新速率）往往可以牺牲一定的可靠性（例如，画面质量）。这就是 UDP 和 TCP 两种协议的权衡之处。根据不同的环境和特点，两种传输协议都将在今后的网络世界中发挥更加重要的作用。

4．关键函数讲解

1）espconn 描述符说明

它用于设置无线网络通信相关信息。

```
struct espconn {
    enum espconn_type type;              //设置通信的类型(TCP, UDP)
    enum espconn_state state;            //保存espconn的当前状态
    union {
        esp_tcp *tcp;                    //TCP通信相关参数设置
        esp_udp *udp;                    //UDP通信相关参数设置
    } proto;
    /**回调函数，告知此espconn的事件*/
    espconn_recv_callback recv_callback;     //接收数据回调函数
    espconn_sent_callback sent_callback;     //发送数据回调函数
    uint8 link_cnt;
    void *reverse;
};
```

2）softap_config 结构体

它用于设置无线 AP 模式相关参数。

```
struct softap_config {
    uint8 ssid[32];              //设置Wi-Fi名称
    uint8 password[64];          //设置Wi-Fi密码
    uint8 ssid_len;              //设置Wi-Fi名称可显示长度
    uint8 channel;               //设置信道1～13
    AUTH_MODE authmode;          //设置加密模式（不支持softAP模式下的AUTH_WEP加密）
    uint8 ssid_hidden;           //设置Wi-Fi名称是否隐藏，默认是0
    uint8 max_connection;        //设置最大用户连接数，默认是4，最大值是4
    uint16 beacon_interval;      //设置信号强度，支持100～60000 ms,默认为100
};
```

1．打开工程

这次任务在 4.2 节的基础上对代码进行修改，所以首先打开 4.2 节的代码。

2．代码修改

将 user_main.c 文件中的所有代码按下列内容进行编写。

```
1.   #include "driver/uart.h"      //添加串口头文件
```

```
2.    #include "osapi.h"
3.    #include "user_interface.h"
4.    #include "espconn.h"              //用于调用广播通信
5.    #include "mem.h"                  //用于调用os_zalloc
6.    #include "eagle_soc.h"
7.    #include "gpio.h"   //须添加GPIO口头文件，将gpio.h添加到include目录中

8.    ETSTimer test_timer;

9.    struct espconn user_udp_espconn;
10.   esp_udp espconnudp;

11.   void ICACHE_FLASH_ATTR
12.   user_set_softap_config(void)
13.   {
14.       struct softap_config config;
          //在ssid的内存块中填充0值,大小为32字节
15.       os_memset(config.ssid,0,32);
          //在password的内存块中填充0值,大小为32字节
16.       os_memset(config.password , 0 ,64);
17.       os_memcpy(config.ssid, "ESPESP222", 9);       //ESPESP222
18.       os_memcpy(config.password, "88888888",8);     //加密88888888

19.       config.authmode = AUTH_WPA_WPA2_PSK;      //设置为WPA-WPA2加密方式
20.       config.ssid_len = 0;                      //无长度限制
21.       config.max_connection = 5;                //最大连接数
22.       Wi-Fi_softap_set_config(&config);
23.   }
24.   void ICACHE_FLASH_ATTR
25.   light_gpio_config(void)
26.   {
27.       PIN_FUNC_SELECT(PERIPHS_IO_MUX_GPIO4_U, FUNC_GPIO4);
                                                  //GPIO4功能选择
28.       PIN_PULLUP_EN(PERIPHS_IO_MUX_GPIO4_U); //引脚上拉使能
29.       PIN_FUNC_SELECT(PERIPHS_IO_MUX_GPIO0_U, FUNC_GPIO0);
                                                  //GPIO0功能选择
30.       PIN_PULLUP_EN(PERIPHS_IO_MUX_GPIO0_U); //引脚上拉使能
31.   }
32.   void ICACHE_FLASH_ATTR
33.   user_udp_recv_cb(void *arg, char *pdata, unsigned short len){
34.       if(pdata[0]  == 'N'){
35.           GPIO_OUTPUT_SET(GPIO_ID_PIN(4),0); //设置GIPO4口输出0
36.           GPIO_OUTPUT_SET(GPIO_ID_PIN(0),0); //设置GIPO0口输出0
37.       }
38.       if(pdata[0]  == 'O'){
39.           GPIO_OUTPUT_SET(GPIO_ID_PIN(4),1); //设置GIPO4口输出0
```

```
40.              GPIO_OUTPUT_SET(GPIO_ID_PIN(0),1);   //设置GIPO0口输出0
41.          }
42.     }
43. void user_init(){
44.     Wi-Fi_set_opmode(0x02);                        //设置为AP模式
45.     user_set_softap_config();                      //设置Wi-Fi名称和密码参数
46.     light_gpio_config();
47.
48.     user_udp_espconn.type = ESPCONN_UDP;          //设置为UDP通信方式
49.     user_udp_espconn.proto.udp = &espconnudp;
50.     user_udp_espconn.proto.udp ->local_port = 9999;     //本地端口
51.     user_udp_espconn.proto.udp ->remote_port = 9999;    //远程端口
52.     user_udp_espconn.proto.udp ->local_ip[0] = 255;     //本地IP
53.     user_udp_espconn.proto.udp ->local_ip[1] = 255;
54.     user_udp_espconn.proto.udp ->local_ip[2] = 255;
55.     user_udp_espconn.proto.udp ->local_ip[3] = 255;
56.
57.     user_udp_espconn.proto.udp ->remote_ip[0] = 255;    //远程IP
58.     user_udp_espconn.proto.udp ->remote_ip[1] = 255;
59.     user_udp_espconn.proto.udp ->remote_ip[2] = 255;
60.     user_udp_espconn.proto.udp ->remote_ip[3] = 255;
61.
62.     espconn_regist_recvcb(&user_udp_espconn,user_udp_recv_cb);
63.     espconn_create(&user_udp_espconn);             //建立UDP传输
64. }
65.     void user_rf_pre_init(){}                      //防止报错
```

程序分析：

第 17 行定义了 Wi-Fi 通信模块的 SSID 号码，即平时上网搜索到的路由器 Wi-Fi 名称，这里由于设备较多，所以要求每组的 SSID 号码都要不一样。

第 18 行定义了 Wi-Fi 通信模块的 Wi-Fi 密码。

第 62 行注册了一个数据接收回调函数 user_udp_recv_cb( )，一旦接收到数据，就会跳至函数 user_udp_recv_cb( )中。

第 65 行，不能省略该行代码，否则编译会报错。

3．程序编译下载

将工程文件编译下载至 Wi-Fi 通信模式上，该步骤可参考 4.2 节。

4．硬件设备搭建

如图 4-3-4 所示：

Wi-Fi 通信模块 GPIO4——继电器模块 J2；

灯泡底座 12V（正）——继电器模块 J9；

灯泡底座 12V（负）——电压 12V 负；

电源 12V（正）——继电器模块 J8。

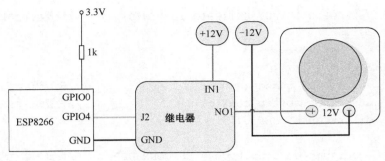

图 4-3-4　硬件连接

5. 软件操作

打开 PC 端软件"网络调试助手",运行该软件,出现图 4-3-5 所示主界面,配置各参数。连接成功后,如图 4-3-6 所示为控制界面,配置目标主机地址和端口号。

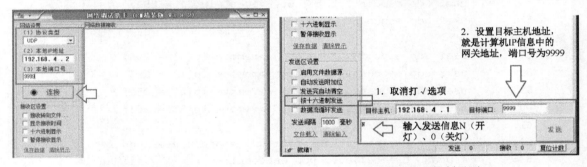

图 4-3-5　主界面　　　　　　　　　　　　　　图 4-3-6　控制界面

在发送栏中输入字符 N,即可打开灯光,发送字符 0,即可关闭灯光。

任务拓展

使用配套资料中的手机端软件,通过 Wi-Fi 通信模块控制灯的亮或灭(图 4-3-7)。

图 4-3-7　通过 Wi-Fi 通信模块控制灯的亮或灭

第 5 章　ZigBee 无线通信应用

本章简介

　　本单元通过几个由简到繁的训练任务，深入浅出地介绍 CC2530 串口的使用、AD 转换模块相关知识、BasicRF Layer 的工作机制及模拟量与数字量传感器概念。同时介绍 ZigBee 协议栈的结构、OSAL 操作系统、网络管理等知识。采用理论与实践相结合的方式让读者灵活掌握 ZigBee 串口、ADC、射频模块及 ZStack 协议栈点对点实验，逐步能组建 ZigBee 无线传感网络，实现无线传感网络数据采集，理解 ZigBee 技术在无线传感网络中的应用。

章节目标

- 了解 ZigBee 芯片的基本开发方法。
- 熟悉 BasicRF 工作机制及具体操作。
- 能使用 BasicRF 进行点对点开发。
- 掌握 ZStack 协议栈结构、基本概念。

章节任务

5.1　ZigBee

1. ZigBee 简介

ZigBee 是基于 IEEE 802.15.4 标准的低功耗局域网协议。IEEE 802.15.4 是 IEEE 无线个人

局域网（PAN，Personal Area Network）工作组的一项标准，称为 ZigBee 技术标准。根据国际标准规定，ZigBee 技术是一种短距离、低功耗的无线通信技术。这一名称（又称紫蜂协议）来源于蜜蜂的八字舞，由于蜜蜂（Bee）靠飞翔和"嗡嗡"（Zig）地抖动翅膀的"舞蹈"来与同伴传递花粉所在方位信息，也就是说蜜蜂依靠这样的方式构成了群体中的通信网络（图 5-1-1）。

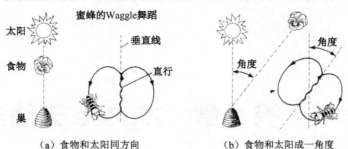

图 5-1-1　蜜蜂的通信网络

其特点是近距离、低复杂度、自组织、低功耗、低数据速率，主要适合用于自动控制和远程控制领域，可以嵌入各种设备。简而言之，ZigBee 就是一种便宜的、低功耗的近距离无线组网通讯技术。ZigBee 是一种低速短距离传输的无线网络协议。ZigBee 协议从下到上分别为物理层（PHY）、媒介访问控制层（MAC）、传输层（TL）、网络层（NWK）、应用层（APL）等。其中物理层和媒体访问控制层遵循 IEEE 802.15.4 标准的规定。

ZigBee 是一种新兴的短距离、低速率无线网络技术，它是一种介于无线标记技术和蓝牙之间的技术方案。它有自己的无线电标准，在数千个微小的传感器之间相互协调、实现通信。这些传感器只需要很少的能量以接力的方式通过无线电波将数据从一个传感器传到另一个传感器，所以它们的通信效率非常高。

2．ZigBee 特性

1）低功耗

在工作模式下，ZigBee 技术的传输速率低，传输数据量很小，因此信号的收发时间很短。其次，在非工作模式情况下，ZigBee 的节点处于休眠状态。设备搜索延迟一般为 30ms，休眠激活时延为 15ms，活动设备接入信道时延为 15 ms。由于工作时间较短，收发信息功耗较低且采用了休眠模式，使得 ZigBee 节点非常省电。ZigBee 节点的电池工作时间可以长达 6 个月到 2 年，对于某些占空比[工作时间/（工作时间+休眠时间）]小于 1%的应用，电池的寿命甚至可以超过十年。相比较，蓝牙仅能工作数周，Wi-Fi 仅可工作数小时。

2）低成本

通过大幅简化协议（不到蓝牙的 1/10），降低了对通信控制器的要求，按预测分析，以 8051 的 8 位微控制器测算，全功能的主节点需要 32KB 代码，子功能节点少至 4KB 代码，而且 ZigBee 免协议专利费，每块芯片的价格大约为 2 美元。

3）低速率

ZigBee 工作在 20～250kbps 的速率，分别提供 250kbps（2.4GHz）、40kbps（915MHz）和 20kbps（868MHz）的原始数据吞吐率，满足低速率传输数据的应用需求。

4）低距离

传输范围一般为 10～100m，在增加发射功率后，亦可增加到 1～3km。这指的是相邻节点间的距离，如果通过路由和节点间通信的接力，传输距离可以更远。

5）短延时

ZigBee 的响应速度较快，一般从睡眠转入工作状态只需 15ms，节点连接进入网络只需 30ms，进一步节省了电能。相比较，蓝牙需要 3～10s，Wi-Fi 需要 3s。

6）高容量

ZigBee 低速率、低功耗和短距离传输的特点使得它非常适宜支持简单器件。ZigBee 定义了两种器件：全功能器件（FFD）和简化功能器件（RFD）。对于全功能器件，要求它支持所有的 49 个参数。而对于简化功能器件，在最小配置时只要求支持 38 个参数。一个全功能器件可以与简化功能器件和其他全功能器件通话，可以按 3 种方式工作，分别是个域网协调器、协调器或器件。而简化功能器件只能与全功能器件通话，仅用于非常简单的应用。一个 ZigBee 网络最多容纳 255 个 ZigBee 网络节点，其中有一个是主控（Master）设备，其余则是从属（Slave）设备。若通过网络协调器（Network Coordinator），整个网络可以支持超过 64000 个 ZigBee 网络节点，再加上各个网络协调器可以相互连接，整个 ZigBee 的网络节点的数目十分可观。

7）高安全性

ZigBee 提供了数据完整性检查和鉴权功能，在数据传输过程中提供了三级安全性，第一级实际是无安全方式，对于某种应用，如果安全并不重要或者上层已经提供了足够的安全保护，器件就可以选择这种方式来转移数据。对于第二级的安全级别，器件可以使用接入控制清单（ACL）来防止非法器件获取数据，在这一级不采取加密措施。第三级安全级别在数据传输过程中采用 AES 对称密码，AES 可以用来保护数据净荷和防止攻击者冒充合法用户。

8）免执照频段

使用工业科学医疗（ISM）频段：915MHz（美国），868MHz（欧洲），2.4GHz（全球）。

9）数据传输可靠

ZigBee 的媒介访问控制层（MAC）采用 talk-when-ready 的碰撞避免机制。在这种完全确认的数据传输机制下，当有数据传送需求时则立刻发送，发送的每个数据分组都必须等待接收方的确认消息，并进行确认信息回复。若没有得到确认信息的回复就表示发生了冲突，将重传一次。采用这种方法可以提高系统信息传送的可靠性。ZigBee 为需要固定带宽的通信业务预留了专用时隙，避免了发送数据时竞争和冲突。同时，ZigBee 针对时延敏感的应用做了优化，通信时延和休眠状态激活的时延都非常短。

3. ZigBee 的应用

1）智能家居

家里可能有很多电器和电子设备，如电灯、电视机、冰箱、洗衣机、空调等，可能还有烟雾感应、报警器和摄像头等设备，以前我们最多只能做到点对点的控制，但如果使用了 ZigBee 技术，可以把这些电子电器设备都联系起来，组成一个网络，甚至可以通过网关连接到 Internet，这样用户就可以方便地在任何地方监控自己家里的情况，并且省去了在家里布线的烦恼（图 5-1-2）。工业控制：工厂环境当

图 5-1-2　智能家居

中有大量的传感器和控制器，可以利用 ZigBee 技术把它们连接成一个网络进行监控，加强作业管理，降低成本。

智能家居系统中使用 ZigBee 技术的优点和缺点如下。

（1）组网方面。

ZigBee 智能家居系统的主要特点是自组网能力强，自恢复能力强。同时 ZigBee 智能家居系统支持多达 65000 个节点，扩展能力超强。但在实际的家居环境中，一个别墅的所有控制设备也不会超过 200 个。因此，综合来看，组网能力上 ZigBee 智能家居系统很有优势。

（2）价格方面。

智能家居产品在国内不普及的一个重要因素就是价格，以往总线智能家居系统动辄几十万的费用，可不是普通消费者能够承受得起的。目前国际一线厂家的 ZigBee 芯片成本均在 12 元人民币左右，再加上其他外围器件和相关 2.4G 射频器件，一款智能家居产品的原始成本就要几十元人民币。所以综合来看，其成本高是缺点。

（3）稳定性方面。

目前国内 ZigBee 技术主要采用 ISM 频段中的 2.4G 频率，受限于频段物理限制，其信号干扰程度极为严重，衍射能力弱，穿墙能力也弱。实际环境中，一堵墙、一扇门也会让信号大打折扣，容易造成不稳定，影响用户体验。

与此同时不可否认的是 ZigBee 智能家居系统有其优点：抗干扰力强、保密性好、传输快、可扩展性强等。所以对比 RS433、蓝牙、Wi-Fi 等无线控制技术，在稳定性方面，ZigBee 智能家居系统算是具备一定的优势。智能家居行业要想发展普及，不是哪一种技术就能够解决问题的，ZigBee 智能家居系统在目前的市场上整体来看，优点大于缺点，有其占据一定市场份额的道理。

2）自动抄表

抄表可能是大家比较熟悉的事情，如煤气表、电表、水表等，每个月或每个季度可能都要统计一下读数，报给煤气、电力或供水公司，然后根据读数来收费。现在大多数地方还是使用人工的方式来进行抄表，逐家逐户地敲门，很不方便。而 ZigBee 可以用于这个领域，利用传感器把表的读数转化为数字信号，通过 ZigBee 网络把读数直接发送到提供煤气、水或电的公司。使用 ZigBee 进行抄表还可以带来其他好处，比如煤气、水或电公司可以直接把一些信息发送给用户，或者和节能相结合，当发现能源使用过快的时候可以自动降低使用速度（图 5-1-3）。

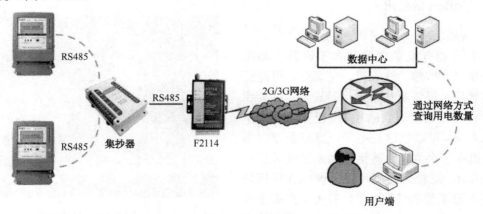

图 5-1-3　无线抄表系统拓扑图

3）电子医疗监护

电子医疗监护是最近的一个研究热点。在人体上安装很多传感器，如测量脉搏、血压，监测健康状况，还有在人体周围环境放置一些监视器和报警器，如病房环境，这样可以随时对人的身体状况进行监测，一旦发生问题，可以及时做出反应，比如通知医院的值班人员。这些传感器、监视器和报警器，可以通过 ZigBee 技术组成一个监测网络，由于是无线网络，传感器之间不需要有线连接，被监护的人也可以比较自由地行动，非常方便（图 5-1-4）。

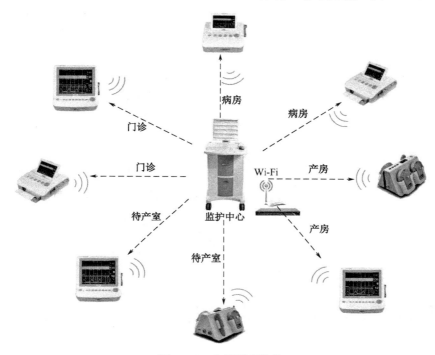

图 5-1-4　电子医疗监护

ZigBee 网络技术用于医疗监护系统的优势如下。

（1）高效率。

相比于传统的医疗器械成套、独立、完成对不同生理数据的监测工作量大的特点，ZigBee 网络技术通过传感器技术设计，可以对被监护者的生理数据进行实时、统一的监测，针对不同情况，采取相应的措施，提高了医疗监护的效率。

（2）广覆盖。

ZigBee 网络技术通过节点间的相互接力可以扩大通信范围。

（3）低功耗。

ZigBee 网络技术其有低功耗的特点，加之网络中的设备节点自身能耗低，两节 5 号干电池便可提供节点一至两年的工作能量。

（4）低成本。

在医疗监护系统中应用 ZigBee 网络技术比现有的一些医疗设备成本低、数据传输速率低、易于普及和推广，也更易进入普通家庭。

（5）便携带。

ZigBee 网络技术中的节点可设计成微型化的节点，如标签或腕表等类型，便于被监护者携带。

4）电信应用

在 2006 年年初的时候，意大利电信就宣布研发了一种集成了 ZigBee 技术的 SIM 卡，并命为 "ZSIM"。其实这种 SIM 卡只是把 ZigBee 集成在电信终端上的一种手段。而 ZigBee 联盟也在 2007 年 4 月发布新闻，说联盟的成员在开发电信相关的应用。如果 ZigBee 技术可以在电信领域开展起来，那么将来用户就可以利用手机来进行移动支付，并且在热点地区可以获得一些感兴趣的信息，如新闻、折扣信息，用户也可以通过定位服务获知自己的位置。虽然现在的 GPS 定位服务已经做得很好了，但却很难支持室内的定位，而 ZigBee 的定位功能正好可以弥补这一缺陷（图 5-1-5）。

图 5-1-5　ZigBee 在电信上的应用

5.2　利用传感器数据变化控制 LED 的亮灭

编写程序实现实验板测定芯片外部光敏传感器的光照度，通过串口发送光照度值。实验板安装上光照传感器，光线的强弱转换成光照度的高低，经 ADC 转换以后通过串口将光照度发送给 PC，可以通过串口调试软件读取电压值。每发送一次光照度值的字符串消息，LED1 闪亮一次。具体工作方式如下：

① 通电后 LED1 熄灭。

② UART0 初始化。

③ 设置 ADC。

④ LED1 取反操作。

⑤ 开启单通道 ADC。

⑥ ADC 对通道 0 进行模数转换，测量电压。

⑦ 获取当前光照传感器数据，对 LED2 进行控制。

⑧ 发送字符串 "光照度" 与测量具体光照度值。

⑨ 延时一段时间。

⑩ 返回步骤 4 循环执行。

任务分析

本节主要是实现测量外部电压并通过串口通信发送到 PC，我们需要知道 CC2530 如何设置 ADC 模块相关寄存器，如何对测量的电压进行转换，如何设定转换精度，如何通过串口通信发送传感器相关参数。

建议读者带着以下问题进行本项任务的学习和实践：

● 模拟信号和数字信号有哪些区别？
● CC2530 的 ADC 需要设置哪些寄存器？如何设置？
● CC2530 的模数转换精度如何？如何处理数据？
● CC2530 如何测量电源电压和芯片温度？
● 如何使用 ADC 序列转换实现多通道电压值的测量？
● 如何编写控制串口数据发送程序？

知识链接

1．电信号的形式与转换

信息是指客观事物属性和相互联系特性的表征，它反映了客观事物的存在形式和运动状态。表示信息的形式可以是数值、文字、图形、声音、图像及动画等。信号是信息的载体，是运载信息的工具，信号可以是光信号、声音信号、电信号。电话网络中的电流就是一种电信号，人们可以将电信号经过发送、接收及各种变换，传递双方要表达的信息。数据是事件的属性规范化以后的表现形式，它能被识别，可以被描述，是各种事物的定量或定性的记录。信号数据可以表示任何信息，如文字、符号、语音、图像、视频等。

从电信号的表现形式上，可以分为模拟信号和数字信号。

1）模拟信号

模拟信号是指用连续变化的物理量所表达的信息，如温度、湿度、压力、长度、电流、电压等，我们通常又把模拟信号称为连续信号，它在一定的时间范围内可以有无限多个不同的取值。

2）数字信号

数字信号指自变量是离散的、因变量也是离散的信号，这种信号的自变量用整数表示，因变量用有限数字中的一个数字来表示，在计算机中，数字信号的大小常用有限位的二进制数表示。由于数字信号是用两种物理状态来表示 0 和 1 的，故其抵抗材料本身干扰和环境干扰的能力都比模拟信号强很多。在现代技术的信号处理中，数字信号发挥的作用越来越大，几乎复杂的信号处理都离不开数字信号，只要能把解决问题的方法用数学公式表示，就能用计算机来处理代表物理量的数字信号。

3）模数转换

模数转换通常简写为 ADC，是将输入的模拟信号转换为数字信号。各种被测控的物理量（如速度、压力、温度、光照强度、磁场等）是一些连续变化的物理量，传感器将这些物理量转换成与之相对应的电压和电流（模拟信号）。单片机系统只能接收数字信号，要处理这些信号就必须把它们转换成数字信号。模数转换是数字测控系统中必需的信号转换。

2．CC2530 的 ADC 模块

CC2530 的 ADC 模块支持最高 14 位二进制的模数转换，具有 12 位的有效数据位。它包括一个模拟多路转换器，具有 8 个各自可配置的通道，以及一个参考电压发生器。转换结果通过 DMA 写入存储器，还具有多种运行模式。ADC 模块结构如图 5-2-1 所示。

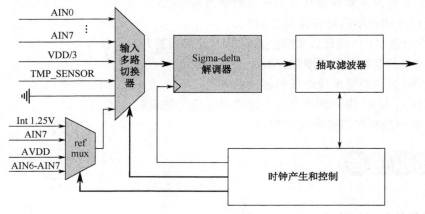

图 5-2-1　ADC 模块结构

CC2530 的 ADC 模块有如下主要特征：

- 可选的抽取率，可设置分辨率（7 到 12 位）；
- 8 个独立的输入通道，可接收单端或差分信号；
- 参考电压可选为内部单端、外部单端、外部差分或 AVDD5；
- 转换结束产生中断请求；
- 转换结束时可发出 DMA 触发；
- 可以将片内温度传感器作为输入；
- 电池电压测量功能。

3．ADC 的工作模式

1）ADC 模块的输入

对于 CC2530 的 ADC 模块，端口 P0 引脚可以配置为 ADC 输入端，依次为 AIN0～AIN7。可以把输入配置为单端或差分输入。在选择差分输入的情况下，差分输入包括输入对 AIN0～AIN1、AIN2-AIN3、AIN4-AIN5 和 AIN6-AIN7。除了输入引脚 AIN0～AIN7，片上温度传感器的输出也可以作为 ADC 的输入用于温度测量；还可以输入一个对应 AVDD5/3 的电压作为一个 ADC 输入，在应用中这个输入可以实现一个电池电压监测器的功能。特别提醒，负电压和大于 VDD（未调节电压）的电压都不能用于这些引脚。它们之间的转换结果是在差分模式下每对输入端之间的电压差值。

8 位模拟量输入来自 I/O 引脚，不必通过编程将这些引脚变为模拟输入，但是，当相应的模拟输入端在 APCFG 寄存器中被禁用时，此通道将被跳过。当使用差分输入时，相应的两个引脚都必须在 APCFG 寄存器中设置为模拟输入引脚。APCFG 寄存器见表 5-2-1。

表 5-2-1　APCFG 寄存器

位	名　称	复　位	R/W	描　述
7：0	APCFG[7:0]	0x00	R/W	模拟外设 I/O 配置 APCFG[7:0]选择 P0.7～P0.0 作为模拟 I/O 0：模拟 I/O 禁用 1：模拟 I/O 使用

单端电压输入 AIN0～AIN7 以通道号码 0～7 表示。通道号码 8～11 表示差分输入，它们分别由 AIN0‐AIN1、AIN2‐AIN3、AIN4‐AIN5 和 AIN6‐AIN7 组成。通道号码 12 到 15 分别用于 GND（12）、预留通道（13）、温度传感器（14）和 AVDD5/3（15）。

2）序列 ADC 转换与单通道 ADC 转换

CC2530 的 ADC 模块可以按序列进行多通道的 ADC 转换，并把结果通过 DMA 传送到存储器，而不需要 CPU 参与。

转换序列可以由 APCFG 寄存器设置，八位模拟输入来自 I/O 引脚，不必经过编程变为模拟输入。如果一个通道是模拟 I/O 输入，它就是序列的一个通道，如果相应的模拟输入在 APCFG 中禁用，那么此 I/O 通道将被跳过。当使用差分输入时，处于差分对的两个引脚都必须在 APCFG 寄存器中设置为模拟输入引脚。

寄存器位 ADCCON2.SCH 用于定义一个 ADC 转换序列。如果 ADCCON2.SCH 设置为一个小于 8 的值，ADC 转换序列包括从 0 通道开始，直到并包括 ADCCON2.SCH 所设置的通道号码。当 ADCCON2.SCH 设置为一个在 8 和 12 之间的值，转换序列包括从通道 8 开始差分输入，到 ADCCON2.SCH 所设置的通道号码结束。

除可以设置为按序列进行 ADC 转换之外，CC2530 的 ADC 模块可以编程实现任何单个通道执行一个转换，包括温度传感器（14）和 AVDD5/3（15）两个通道。单通道 ADC 转换通过写 ADCCON3 寄存器触发，转换立即开始。除非一个转换序列已经正在进行，在这种情况下序列一完成，单个通道的 ADC 转换就会被执行。

4．ADC 的相关寄存器

ADC 有两个数据寄存器：ADCL（0xBA）为 ADC 数据低位寄存器、ADCH（0xBB）为 ADC 数据高位寄存，见表 5-2-2 和表 5-2-3。ADC 有三个控制寄存器 ADCCON1、ADCCON2 和 ADCCON3，见表 5-2-4、表 5-2-5 和表 5-2-6。这些寄存器用来配置 ADC 并返回转换结果。

表 5-2-2　ADCL（0xBA）——ADC 数据低位寄存器

位	名　称	复　位	R/W	描　述
7：2	ADC[5:0]	0000 00	R	ADC 转换结果的低位部分
1：0	-	00	R0	没有使用，读出来一直是 0

表 5-2-3　ADCH（0xBB）——ADC 数据高位寄存器

位	名　称	复　位	R/W	描　述
7：0	ADC[13:6]	0x0000	R	ADC 转换结果的高位部分

表 5-2-4 ADCCON1——ADC 控制寄存器

位	名　称	复　位	R/W	描　　述
7	EOC	0	R/H0	转换结束。当 ADCH 被读取时清除。如果已读取前一数据之前，完成一个新的转换，EOC 位仍然为高 0：转换没有完成 1：转换完成
6	ST	0	R/W	开始转换。读为 1，直到转换完成 0：没有转换正在进行 1：如果 ADCCON1.STSEL=11 并且没有序列正在运行就启动一个转换序列
5：4	STSEL[1:0]	11	R/W1	启动选择。选择该事件，将启动一个新的转换序列 00：P2.0 引脚的外部触发 01：全速，不等待触发器 10：定时器 1 通道 0 比较事件 11：ADCCON1.ST=1
3：2	RCTRL[1:0]	00	R/W	控制 16 位随机数发生器。当写 01 时，操作完成时设置将自动返回到 00 00：正常运行（13X 型展开） 01：LFSR 的时钟一次（没有展开） 10：保留 11：停止，关闭随机数发生器
1：0	—	11	R/W	保留，一直设为 11

表 5-2-5 ADCCON2

位	名　称	复　位	R/W	描　　述
7：6	SREF[1:0]	00	R/W	选择用于序列转换的参考电压 00：内部参考电压 01：AIN7 引脚上的外部参考电压 10：AVDD5 引脚 11：AIN6-AIN7 差分输入外部参考电压
5：4	SDIV[1:0]	01	R/W	设置转换序列通道的抽取率。抽取率也决定完成转换需要的时间和分辨率 00：64 抽取率（7 位 ENOB） 01：128 抽取率（9 位 ENOB） 10：256 抽取率（10 位 ENOB） 11：512 抽取率（12 位 ENOB）
3：0	SCH[3:0]	0000	R/W	序列通道选择。 读取时，这些位将代表有转换进行的通道号码 0000：AIN0　　　　0001：AIN1 0010：AIN2　　　　0011：AIN3 0100：AIN4　　　　0101：AIN5 0110：AIN6　　　　0111：AIN7 1000：AIN0-AIN1　　1001：AIN2-AIN3 1010：AIN4-AIN5　　1011：AIN6-AIN7 1100：GND　　　　1110：温度传感器 1111：VDD/3

表 5-2-6　ADCCON3

位	名　称	复　位	R/W	描　述
7：6	SREF[1:0]	00	R/W	选择用于单通道转换的参考电压 00：内部参考电压 01：AIN7 引脚上的外部参考电压 10：AVDD5 引脚 11：AIN6-AIN7 差分输入外部参考电压
5：4	SDIV[1:0]	01	R/W	为单通道 ADC 转换设置抽取率。抽取率也决定完成转换需要的时间和分辨率 00：64 抽取率（7 位 ENOB） 01：128 抽取率（9 位 ENOB） 10：256 抽取率（10 位 ENOB） 11：512 抽取率（12 位 ENOB）
3：0	SCH[3:0]	0000	R/W	单个通道选择。选择写 ADCCON3 触发的单个转换所在的通道号码。当单个转换完成时，该位自动清除 0000：AIN0　　　　　0001：AIN1 0010：AIN2　　　　　0011：AIN3 0100：AIN4　　　　　0101：AIN5 0110：AIN6　　　　　0111：AIN7 1000：AIN0-AIN1　　 1001：AIN2-AIN3 1010：AIN4-AIN5　　 1011：AIN6-AIN7 1100：GND　　　　　1110：温度传感器 1111：VDD/3

5．ADC 的配置和应用

ADCCON1，ADCCON2 和 ADCCON3 寄存器用于配置 ADC，以及读取 ADC 转换的状态。

ADCCON1.EOC 位是一个状态位，当一个转换结束时，设置为高电平；当读取 ADCH 时，它就被清除。

ADCCON1.ST 用于启动一个转换序列。当没有转换正在运行时这个位设置为高电平，ADCCON1.STSEL 是 11，就启动一个序列。当这个序列转换完成，ADCCON1.ST 就被自动清 0。

ADCCON1.STSEL 位选择哪个事件将启动一个新的转换序列。该选项可以选择为外部引脚 P2.0 上升沿或外部引脚事件，之前序列的结束事件，定时器 1 的通道 0 比较事件或 ADCCON1.ST 是 1。

ADCCON2 寄存器设置转换序列的执行方式。ADCCON2.SREF 用于选择参考电压。ADCCON2.SDIV 位用于选择抽取率，抽取率的设置决定分辨率和完成一个转换所需的时间。ADCCON2.SCH 设置转换序列的最后一个通道数。

ADCCON3 寄存器控制单个转换的通道号码、参考电压和抽取率。该寄存器位的设置选项和 ADCCON2 是完全一样的。单通道转换在寄存器 ADCCON3 写入后将立即发生，如果一个转换序列正在进行，该序列结束之后立即启动 ADC 转换。

1. 设备连线与电路分析

将光敏传感器模块安装在节点电路板上，如图 5-2-2 所示。光敏电阻的阻值大小会按照环境光线的变化而变化，经串联的电阻 R16 分压后连接在 CC2530 的 19 脚。第 19 脚是 CC2530 的片内 ADC 模块的 0 通道输入端，通过测量输入的电压来感知环境光照的强弱。

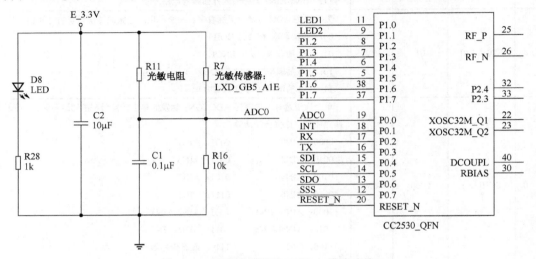

图 5-2-2　光敏传感器与 ZigBee 模块连接

2. 代码设计

1）建立工程

建立任务一的工程项目，在项目添加名为"code.c"的代码文件，如图 5-2-3 所示。

2）编写代码

根据任务要求，可将串口发送数据到 PC 的项目用流程图进行表示，如图 5-2-4 所示。

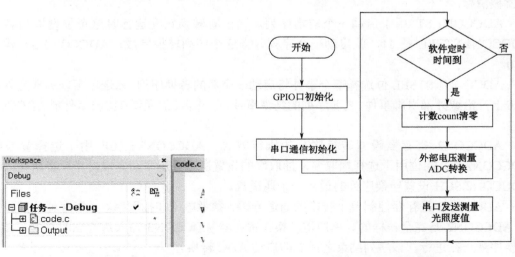

图 5-2-3　代码文件 code.c　　　　图 5-2-4　项目流程图

首先，引用 CC2530 头文件

```
#include "ioCC2530.h"      //引用CC2530头文件
```

其次，ADC 转换会在写入 ADCCON2 或 ADCCON3 时启动。ADC 测量芯片外部电压的初始化主要是模拟量输入端口的设置。本项目测量通道 0 的芯片外部电压，ADC 初始化函数定义如下：

```
/*ADC初始化部分*/
APCFG|=1;                   //设置P0_0位为模拟端口
P0SEL|=1;                   //设置P0_0为外设功能
P0DIR&=~1;                  //设置P0_0为输入
```

3）读取 ADC 转换电压值

单通道的 ADC 转换，将控制字写入 ADCCON3 即可。采用基准电压 avdd5：3.3V，通道 0，对应的控制字代码如下。

```
ADCCON3 = (0x80 | 0x10 | 0x00);//采用基准电压avdd5:3.3V, 通道0, 启动ADC转换
```

ADCCON3 控制寄存器一旦写入控制字，ADC 转换就会启动，使用 while( )语句查询 ADC 中断标志位 ADCIF，等待转换结束，代码如下：

```
ADCIF=0;                    //清除ADC 中断标志
while(!ADCIF)
  {
    ;
  }
```

ADC 转换结束，读取 ADCH、ADCL 并进行电压值的计算。采用基准电压 3.3V，测得电压值 value 与 ADCH、ADCL 的计算关系是：

```
Value = （ADCH×256+ADCL）×3.3 /32768
```

电压值计算的实现代码如下：

```
value = ADCH;
value = value<< 8;
value |= ADCL;
// AD值转化成电压值
// 0 表示 0V , 32768 表示 3.3V
// 电压值 = (value×3.3)/32768  (V)
value = (value * 330);
value = value >> 15;   // 除以32768
```

通过 ADC 获取外部 0 通道光照电压的函数 GetLight( )的完整代码如下：

```
uint GetLight()
{
  ulong value;
  /*ADC初始化部分*/
  APCFG|=1;                 //设置P0_0位为模拟端口
  P0SEL|=1;                 //设置P0_0为外设功能
  P0DIR&=~1;                //设置P0_0为输入

  ADCCON3 = (0x80|0x10|0x00);//采用基准电压avdd5:3.3V, 通道0, 启动ADC转换
  ADCIF=0;                  //清除ADC 中断标志
  while(!ADCIF)
  {
    ;
```

```
    }
    value = ADCH;
    value = value<< 8;
    value |= ADCL;
    // AD值转化成电压值
    // 0 表示 0V , 32768 表示 3.3V
    // 电压值 = (value×3.3)/32768  (V)
    value = (value * 330);
    value = value >> 15;     //除以32768
    return (ushort)value;    //返回分辨率为0.01v的电压值
}
```

获取光照传感器数据控制 LED 灯部分代码如下：

```
uint light=GetLight();
if(light<35)LED2=1; //判断光照的值对LED2进行控制
else LED2=0;
```

4）设计主功能代码

根据任务要求，端口设置初始化和 ADC 模块初始化完成后，使用软件延时实现每隔固定时间进行数据测量，对 LED 进行控制并发送数据。主循环部分的实现代码如下：

```
while(1)
  {
    if(++count>=100)
    {
      count=0;
      LED1=～LED1;                //LED1作为指示灯大约1秒取反一次
      uint light=GetLight();

      if(light<35)LED2=1;        //判断光照的值对LED2进行控制
      else LED2=0;

      light=((light/330.1)*20000.1);
      uchar data[7]={0};
      data[0]=(light/10000)+48;
      data[1]=(light/1000)%10+48;
      data[2]=(light/100)%10+48;
      data[3]=(light/10)%10+48;
      data[4]=(light%10)+48;
      data[5]='L';
      data[6]='x';

      UART0SendString("光照度:");
      UART0SendString(data);
      UART0SendString("\r\n");
    }
    delay(20);
```

CC2530 的 ADC 模块测量外部电路通道 0 的电压，并通过串口发送出电压值。整个任务的完整代码如下：

```
/****************************************************
```

任务要求：程序启动LED1闪烁表示ZigBee实时采集光照传感器值并发送至PC成功。
用手捂住传感器，模拟夜晚环境ZigBee的LED2会亮起，手松开后又熄灭。
```
**************************************************/
#include <iocc2530.h>                //CC2530头文件引用

#define LED1   P1_0                   //P1.0端口控制LED1发光二极管
#define LED2   P1_1                   //P1.1端口控制LED1发光二极管
#define uchar  unsigned char
#define uint   unsigned int
#define ushort unsigned short
#define ulong  unsigned long


int count=0;                          //定义延时次数


/*************************************************
软件延时
*************************************************/
void delay(uint len)
{
  while(len--)
  {
    for(int i=0;i<535;i++);
  }
}
/*************************************************
初始化GPIO函数
*************************************************/
void initial_gpio()
{
  P1SEL &= ~0x07;                     //设置P1.0 P1.1 P1.2为GPIO
  P1DIR |= 0X03;                      //设置P1.0 P1.1端口为输出
  P1DIR &= ~0X04;                     //设置P1.2端口为输入
  P1=0X00;                            //关闭LED灯
  P1INP &= ~0X04;                     //P1.2端口为"上拉/下拉"模式
  P2INP &= ~0X40;                     //对所有P1端口设置为"上拉"
}
/*************************************************
初始化串口0函数
波特率：19200
*************************************************/
void initial_uart()
{
  CLKCONCMD &= ~0X7F;                 //晶振设置为32MHz
  while(CLKCONSTA & 0X40);            //等待晶振稳定
  CLKCONCMD &= ~0X47;                 //设置系统主时钟频率为32MHz
  PERCFG = 0X00;                      //usart0 使用备用位置1 TX-P0.3 RX-P0.2
  P0SEL |= 0X3C;                      //P0.2 P0.3 P0.4 P0.5用于外设功能
  P2DIR &= ~0xC0;                     //P0优先作为UART模式
```

```
    U0CSR = 0X80;                       //UART模式
    U0GCR = 10;
    U0BAUD = 59;                        //波特率设为57600
    UTX0IF = 0;                         //UART0 TX中断标志位清零
}
/*************************************************************
* 功    能：UART0发送一字节
*************************************************************/
void UART0SendByte(unsigned char c)
{
    U0DBUF = c;                         //将要发送的1字节数据写入U0DBUF
    while (!UTX0IF) ;                   //等待TX中断标志，即U0DBUF就绪
    UTX0IF = 0;                         //TX中断标志清零
}
/*************************************************************
* 功    能：UART0发送一个字符串
*************************************************************/
void UART0SendString(unsigned char *str)
{
    while(*str != '\0')
    {
        UART0SendByte(*str++);          //发送一字节
    }
}
/*******************************************
获取光照传感器值
*******************************************/
uint GetLight()
{
    ulong value;
    /*ADC初始化部分*/
    APCFG|=1;                           //设置P0_0位为模拟端口
    P0SEL|=1;                           //设置P0_0为外设功能
    P0DIR&=~1;                          //设置P0_0为输入

    ADCCON3 = (0x80|0x10|0x00);         //采用基准电压avdd5:3.3V，通道0，启动ADC转换
    ADCIF=0;                            //清除ADC 中断标志
    while(!ADCIF)
    {
        ;
    }
    value = ADCH;
    value = value<< 8;
    value |= ADCL;
    // AD值转化成电压值
    // 0 表示 0V , 32768 表示 3.3V
    // 电压值 = (value×3.3)/32768  (V)
    value = (value * 330);
```

```
    value = value >> 15;                    //除以32768

    return (ushort)value;                   //返回分辨率为0.01V的电压值
}
/*************************MAIN*************************/
void main(void)
{
  initial_gpio();
  initial_uart();

  while(1)
  {
   if(++count>=100)
   {
     count=0;
     LED1=~LED1;                          //LED1作为指示灯大约1秒取反一次
     uint light=GetLight();

     if(light<35)LED2=1;                  //判断光照的值对LED2进行控制
     else LED2=0;

     light=((light/330.1)*20000.1);
     uchar data[7]={0};
     data[0]=(light/10000)+48;
     data[1]=(light/1000)%10+48;
     data[2]=(light/100)%10+48;
     data[3]=(light/10)%10+48;
     data[4]=(light%10)+48;
     data[5]='L';
     data[6]='x';

     UART0SendString("光照度:");
     UART0SendString(data);
     UART0SendString("\r\n");
   }
   delay(20);
  }
}
```

编译项目，将生成的程序烧写到 CC2530 中，在 PC 上通过串口调试软件，观察光敏传感器的电压。

使用串口调试软件时应注意以下几点：

① 根据 PC 串口连接情况，选择正确的串口号。如果使用 USB 转串口线连接，需要安装好驱动程序，通过 PC 设备管理器查找出正确的串口号。

② 选择正确的串口参数。波特率为 38400 波特，无奇偶校验，一位停止位。

③ 接收模式选择文本模式。

PC 串口调试如图 5-2-5 所示。

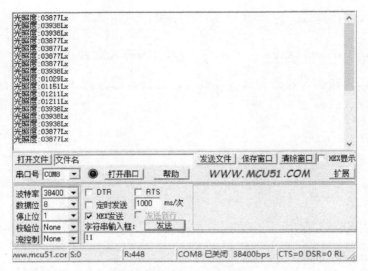

图 5-2-5　PC 串口调试

在上述任务的基础上，将光照传感器替换为人体传感器来控制 LED 状态。

5.3　基于 BasicRF 实现人体状态采集

采用人体红外传感器及 ZigBee 模块组成一个数字量传感器采集系统，使用 BasicRF 点对点通信方式实现。当程序运行时，传感器设备与协调器设备 LED1 点亮，用手阻挡红外传感器的感应区域，传感器设备 LED2 点亮并发送数据给协调器，协调器 LED2 点亮并发送数据到串口调试工具。具体工作方式如下：

① RF 与硬件初始化。

② LED1 点亮。

③ 读取数字量传感器值。

④ 判断是否有人并发送信息至协调器。

⑤ 点亮 LED2。

⑥ 发送有人的信息至串口调试助手。

⑦ 返回步骤 4 循环执行。

本任务主要是利用 BasicRF 工程中相应函数实现测量数字量传感器值并无线发送，实现点

对点通信功能。使读者了解什么是 BasicRF，并为后面的协议栈学习打下基础。

建议读者带着以下问题进行本项任务的学习和实践：

● 模拟信号和数字信号有哪些区别？
● BasicRF 的工作机制是什么？
● BasicRF 工程中 basic Rf、board、common 等驱动文件的作用是什么？
● 如何使用 BasicRF 实现无线数据发送与接收？
● 如何使用 BasicRF 实现串口发送功能？

1. 数字量传感器

这里所说的数字量传感器又称开关量传感器，是指输出结果为高低电平的传感器，这类传感器在使用过程中只需要判断 I/O 口高低即可，不需要经过 A/D 转换。常用的开关量传感器有火焰传感器、人体传感器、红外对射传感器等。在下面的任务中我们使用的是人体传感器，在这里我们要注意，人体传感器根据距离判断是否有人，连接情况下一直为高电平，有人时为低电平。

2. BasicRF 工作原理

TI 公司提供了基于 CC253x 芯片的 BasicRF 软件包，其包括硬件层（Hardware Layer）、硬件抽象层（Hardware Abstraction Layer）、基本无线传输层（Basic RF Layer）和应用层（Application）。虽然该软件包还没有用到 ZStack 协议栈，但是其包含了 IEEE 802.15.4 标准数据包的发送和接收，采用了与 IEEE 802.15.4 MAC 兼容的数据包结构及 ACK 包结构。其功能限制如下：

● 不具备多跳、设备扫描功能。
● 不提供多种网络设备，如协调器、路由器等。所有节点设备为同一级，只能实现点对点数据传输。
● 传输时会等待信道空闲，但不按 IEEE 802.15.4 CSMA-CA 要求进行两次 CCA 检测。
● 不重复传输数据。

（1）BaiscRF 协议栈应用层数据发送过程如下。

① 创建一个 buffer，把数据放入其中；
② 调用 basicRfSendPacket( )函数发送数据。

basicRfSendPacket( )函数说明：

```
//----------------------------------------------------------------
// 名称        basicRfSendPacket
// 功能        无线发送数据包
// 入口参数    destAddr - 发送目标的地址
//            pPayload - 数据包缓冲区的地址.
//            length - 数据包的字节数
// 返回        SUCCESS - 发送成功
//            FAILED  - 发送失败
//----------------------------------------------------------------
uint8 basicRfSendPacket(uint16 destAddr, uint8 *pPayload, uint8 length);
```

范例：

```
char txbuf[] = {"zigbee send!"};
basicRfSendPacket(0x1234, txbuf, 12);
```

范例功能：发送了"zigbee send!"数据，发送地址为 0x1234。

（2）应用层数据接收方法如下。

① 通过调用 basicRfPacketIsReady( )函数来检查是否收到一个新的数据包。

basicRfPacketIsReady 函数说明：

```
//------------------------------------------------------------
// 名称         basicRfPacketIsReady
// 功能         检测底层是否收到无线数据包
// 入口参数     无
// 返回         1 - 收到无线数据包
//             0 - 没有收到无线数据包
//------------------------------------------------------------
uint8 basicRfPacketIsReady(void);
```

② 如有新的数据包，调用 basicRfReceive( )函数，把数据接收到指定的 buffer 中。

basicRfReceive 函数说明：

```
//------------------------------------------------------------
// 名称         basicRfReceive
// 功能         接收底层收到的无线数据到指定缓冲区
// 入口参数     pRxData - 接收缓冲区的地址
//             Maxlen - 接收数据的最大字节数
//             pRssi - 接收数据的信号强度
// 返回         接收到的数据字节数
//             0 - 没有收到无线数据包
//------------------------------------------------------------
uint8 basicRfReceive(uint8 *pRxData, uint16 Maxlen, int16 * pRssi );
```

范例：

```
    ...
if(basicRfPacketIsReady())                           // 判断有没有收到ZigBee信号
{
    halLedToggle(4);                                 // 红灯取反，接收指示
    len = basicRfReceive(pRxData, 128, NULL);        // 接收数据
    // 接收到的数据在pRxData中，数据字节数存储在len中
}
    ...
```

任务实施

1. 设备连线与电路分析

将人体传感器模块安装在节点电路板上，作为传感器节点，将另一个 ZigBee 模块作为协调器。人体传感器模块插在传感器节点的 U5 插槽上，输入引脚与 CC2530 的 P0.1 连接，如图 5-3-1 所示。

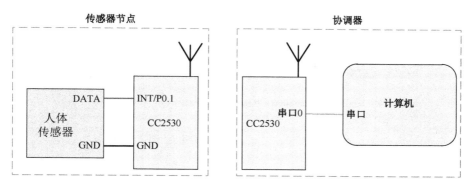

图 5-3-1　人体传感器模块与 ZigBee 模块连接

2．代码设计

1）建立工程

将书籍配套资料中的 CC2530 BasicRF.rar 压缩包解压，该协议栈也可在 TI 公司的官网上下载。解压完成后，打开 CC2530 BasicRF\ide\srf05_cc2530\iar\light_switch.eww 工程，如图 5-3-2 所示。

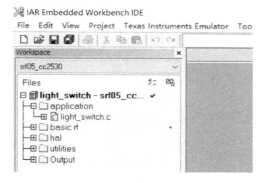

图 5-3-2　初始工程

在项目 application 文件中添加 collect.c、sensor.c 文件，如图 5-3-3 所示。

在 Project→Edit Configurations 中分别创建 collect、sensor，如图 5-3-4 所示。

图 5-3-3　添加.c 文件

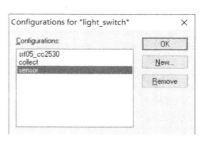

图 5-3-4　创建 collcet、sensor

选择 collcet 工作区，右键单击 sensor.c 文件，选择 Options 选项，将 Exclude from build 选项选中，如图 5-3-5 所示。

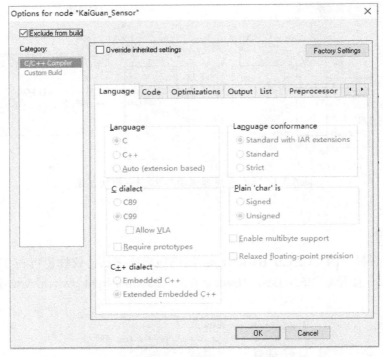

图 5-3-5 取消编译.c 文件

进行类似操作，在 sensor 工作区，将 collect.c 文件取消编译。

2）编写代码

在 collect.c 和 sensor.c 文件中添加头文件：

```
#include <hal_lcd.h>
#include <hal_led.h>
#include <hal_joystick.h>
#include <hal_assert.h>
#include <hal_board.h>
#include <hal_int.h>
#include "hal_mcu.h"
#include "hal_button.h"
#include "hal_rf.h"
#include "util_lcd.h"
#include "basic_rf.h"
```

编写无线 RF 配置初始化代码。

创建 basicRfCfg_t 结构体，在 basic_rf.h 文件中可以找到 basicRfCfg_t 的定义。并对该定义的结构体变量进行填充。

```
void ConfigRf_Init(void)
{
  basicRfConfig.panId      =    PAN_ID;        //ZigBee的ID号设置
  basicRfConfig.channel    =    RF_CHANNEL;    //ZigBee的频道设置
  basicRfConfig.myAddr     =    MY_ADDR;       //设置本机地址
  basicRfConfig.ackRequest =    TRUE;          //应答信号
  while(basicRfInit(&basicRfConfig) == FAILED);
                                               //检测ZigBee的参数是否配置成功
```

```
      basicRfReceiveOn();                                      //打开RF
   }
```

sensor.c 中关键代码如下：

```
   uint8 get_swsensor(void)
   {
     P0DIR |= ~0X02;                                          //将P0_1设置成输出
     return P0_1;                                             //返回p0_1电平
   }
   /*********************MAIN***********************/
   void main(void)
   {
     uint8 sensor_val;
     halBoardInit();                                          //模块相关资源的初始化
     ConfigRf_Init();                                         //无线收发参数的配置初始化
     halLedSet(1);

     while(1)
     {
       if(++count>=100)
       {
         count=0;
         sensor_val=get_swsensor();                           //读取开关量，即P0.1引脚状态
         if(!sensor_val)                                      //人体传感器模块
         {
           halLedSet(2);                                      //点亮LED2
           basicRfSendPacket(SEND_ADDR,"Y",1);
         }
         else
         {
           halLedClear(2);                                    //熄灭LED2
           basicRfSendPacket(SEND_ADDR,"N",1);
         }
       }
       delay(50);
     }
   }
```

collect.c 文件关键代码如下：

```
   /*********************MAIN***********************/
   void main(void)
   {
     halBoardInit();                                          //模块相关资源的初始化
     ConfigRf_Init();                                         //无线收发参数的配置初始化
     halLedSet(1);

     while(1)
     {
       if(basicRfPacketIsReady())
       {
```

```
                  basicRfReceive(pRxData,1,NULL);
                  if(pRxData[0]=='Y')
                  {
                    halLedSet(2);                               //点亮LED2
                    UART0SendString ("人体红外传感器：有人\r\n");
                  }
                  if(pRxData[0]=='N')
                  {
                    halLedClear(2);                             //熄灭LED2
                    UART0SendString ("人体红外传感器：无人\r\n");
                  }
                }
            }
        }
```

编译项目，将生成的程序烧写到 CC2530 中，在 PC 上通过串口调试软件观察人体传感器是否检测到人。

使用串口调试软件时应注意以下几点：

① 根据 PC 串口连接情况，选择正确的串口号。如果使用 USB 转串口线连接，需要安装好驱动程序，通过 PC 设备管理器查找出正确的串口号。

② 选择正确的串口参数。波特率为 38400 波特，无奇偶校验，一位停止位。

③ 接收模式选择文本模式。

PC 串口调试结果如图 5-3-6 所示。

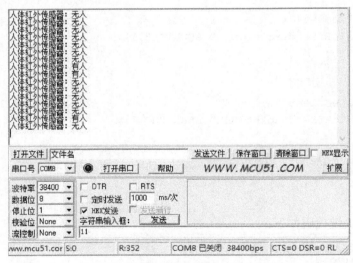

图 5-3-6　PC 串口调试结果

在上述任务的基础上，同时增加声音传感器模块，运行后观察串口调试助手显示的数据。

5.4　基于 BasicRF 实现光照值采集

 **任务要求**

采用光照传感器及 ZigBee 模块组成一个模拟量传感器采集系统，使用 BasicRF 点对点通信方式实现。当程序运行时，传感器设备与协调器设备 LED1 点亮，每采集一次传感器数据，传感器节点 LED2 取反一次，协调器节点收到数据 LED2 常亮，协调器发送传感器数据至串口调试工具。具体工作如下：

① RF 与硬件初始化操作。

② LED1 点亮。

③ 读取模拟量传感器数据。

④ 将传感器数据以固定格式显示。

⑤ LED2 取反。

⑥ 传感器节点将数据发送出去。

⑦ 协调器节点收到数据。

⑧ 协调器 LED2 常亮。

⑨ 协调器将传感器数据打印至串口调试助手。

 **任务分析**

本任务主要是利用 BasicRF 工程中相应函数实现测量模拟量传感器值，并无线发送，实现点对点通信功能。

建议读者带着以下问题进行本项任务的学习和实践：

● 模拟信号和数字信号有哪些区别？

● BasicRF 的工作机制是什么？

● BasicRF 工程中 basic Rf、board、common 等驱动文件的作用是什么？

● 如何使用 basicRF 实现无线数据发送与接收？

● 如何使用 BasicRF 实现串口发送功能？

 **知识链接**

1.　什么是模拟量

模拟量是指在一定范围内连续变化的量，也就是在一定范围（定义域）内可以取任意值（在值域内）。数字量是分立量，而不是连续变化量，只能取几个分立值，如二进制数字变量只能取两个值。

2．模拟量传感器

模拟量传感器发出的是连续信号，用电压、电流、电阻等表示被测参数的大小。比如温度0～100℃，压力 0～10MPa，电动阀门的开度 0～100%等，这些量都是模拟量。

开关量只有两种状态，如开关的导通和断开的状态，继电器的闭合和打开，电磁阀的通和断等。

对控制系统来说，由于 CPU 是二进制的，数据的每一位有"0"和"1"两种状态，因此，开关量只要用 CPU 内部的一位即可表示，比如，用"0"表示开，用"1"表示关。而模拟量则根据精度，通常需要 8 位到 16 位才能表示一个模拟量。

最常见的模拟量是 12 位的，即精度为 2^{-12}，最高精度约为万分之二点五。当然，在实际的控制系统中，模拟量的精度还要受模数转换器和仪表的精度限制，通常不可能达到这么高。本任务中，我们采用的是光照传感器。

1．设备连线与电路分析

将光照传感器模块安装在节点电路板上，作为传感器节点，挑选另一个 ZigBee 模块作为协调器。光敏电阻的阻值大小会按照环境光线的变化而变化，光照传感器信号引脚连接在CC2530 的 P0.0 脚。P0.0 脚是 CC2530 的片内 ADC 模块的 0 通道输入端，通过测量输入的电压来感知环境光照的强弱。电路连接情况如图 5-4-1 所示。

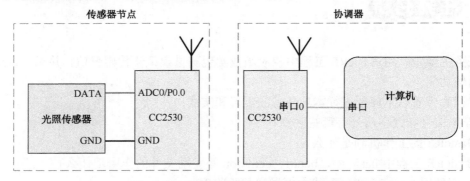

图 5-4-1　光照传感器与 ZigBee 模块连接

2．创建工程

1）复制库文件

新建一个工程，名为 senser-collect，将 CC2530_lib 文件夹复制到该任务的工程文件夹内，并在该工程文件夹内新建一个 Project 文件夹，用于存放工程文件。

2）添加工程文件

在工程中新建 app、basicrf、board、common、utils 共 5 个组，把各文件夹中的.c 文件添加到对应的文件夹中。

3）为工程添加头文件

单击 IAR 菜单中的"Project"→"Options"，在弹出对话框中选择"C/C++ Compiler"，然

后选择"Preproce"选项卡，并在"Additional include directories"中输入头文件的路径，如图 5-4-2 所示，然后单击"OK"。

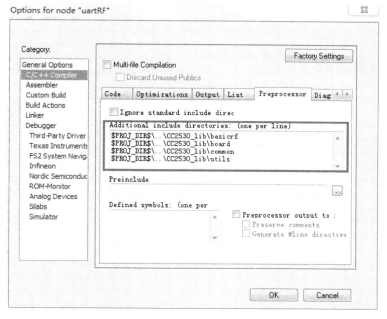

图 5-4-2　为工程添加头文件

注意：$PROJ\_DIR$\即当前工作的 workspace 的目录。..\表示对应目录的上一层。

例如：$TOOLKIT\_DIR$\INC\和$TOOLKIT\_DIR$\INC\CLIB\，都表示当前工作的 workspace 的目录。$PROJ\_DIR$\ ..\INC 表示 WORKSPACE 目录上一层的 INC 目录。

4）建立工程

在项目中添加 collect.c、sensor.c 文件，如图 5-4-3 所示。

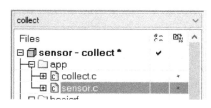

图 5-4-3　添加.c 文件

在 Project→Edit Configurations 中分别创建 collect、sensor，如图 5-4-4 所示。

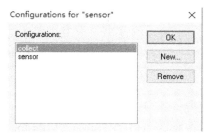

图 5-4-4　创建 collcet、sensor 工作区

选择 collcet 工作区，右键单击 sensor.c 文件，选择 Options 选项，将 Exclude from build 选项选中，如图 5-4-5 所示。

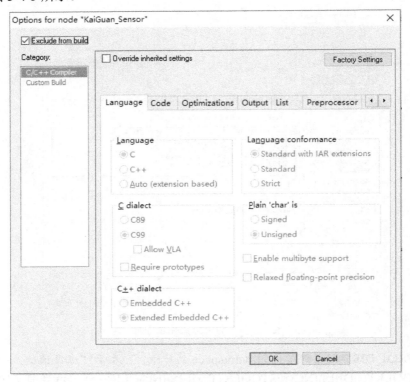

图 5-4-5　取消编译.c 文件

进行类似操作，在 sensor 工作区中，将 collect.c 文件取消编译。

5）编写代码

编写硬件初始化代码：

```
void halBoardInit(void)
{
    halMcuInit();      //时钟初始化

    // LEDs
    MCU_IO_OUTPUT(HAL_BOARD_IO_LED_1_PORT, HAL_BOARD_IO_LED_1_PIN, 0);
    MCU_IO_OUTPUT(HAL_BOARD_IO_LED_2_PORT, HAL_BOARD_IO_LED_2_PIN, 0);
    MCU_IO_OUTPUT(HAL_BOARD_IO_LED_3_PORT, HAL_BOARD_IO_LED_3_PIN, 0);
    MCU_IO_OUTPUT(HAL_BOARD_IO_LED_4_PORT, HAL_BOARD_IO_LED_4_PIN, 0);

    halUartInit(38400);    //初始化串口0的波特率为38400（接Router）
    halIntOn();            //开启总中断
}
```

编写无线 RF 配置初始化代码。

创建 basicRfCfg_t 结构体，在 basic_rf.h 文件中可以找到 basicRfCfg_t 的定义。并对该定义的结构体变量进行填充。

```
void ConfigRf_Init(void)
```

```
{
  basicRfConfig.panId       =   PAN_ID;        //ZigBee的ID号设置
  basicRfConfig.channel     =   RF_CHANNEL;    //ZigBee的频道设置
  basicRfConfig.myAddr      =   MY_ADDR;       //设置本机地址
  basicRfConfig.ackRequest  =   TRUE;          //应答信号
  while(basicRfInit(&basicRfConfig) == FAILED);
                                               //检测ZigBee的参数是否配置成功
  basicRfReceiveOn();                          // 打开RF
}
```

sensor.c 中关键代码如下：

```
/***********************************************************************
 * 名称        get_adc
 * 功能        读取A/D值
 * 入口参数    无
 * 出口参数    16位电压值，分辨率为10mV，如0x0102表示2.58V
 ***********************************************************************/
uint16 get_adc(void)
{
  uint32 value;
  hal_adc_Init();                        //ADC初始化
  ADCIF = 0;                             //清除ADC中断标志
  //采用基准电压avdd5:3.3V，通道0，启动A/D转换
  ADCCON3 = (0x80 | 0x10 | 0x00);
  while ( !ADCIF )
  {
    ;                                    //等待A/D转换结束
  }
  value = ADCL;                          //A/D转换结果的低位部分存入value中
  value |= (((uint16)ADCH)<< 8);         //取得最终转换结果并存入value中
  value = value * 330;
  value = value >> 15;                   //根据计算公式算出结果值
  return (uint16)value;
}
/********************MAIN************************/
void main(void)
{  uint16 sensor_val;
   uint16  len = 0;
   halBoardInit();                       //模块相关资源的初始化
   ConfigRf_Init();                      //无线收发参数的配置初始化
   halLedSet(1);
   Timer4_Init();                        //定时器初始化
   Timer4_On();                          //打开定时器
   while(1)
   {
       APP_SEND_DATA_FLAG = GetSendDataFlag();
```

```
            if(APP_SEND_DATA_FLAG == 1)        //定时时间到
            {
/*【传感器采集、处理】 开始*/
            sensor_val=get_adc();            //取模拟电压
            //把采集数据传换成字符串，以便于在串口调试助手上显示
            printf_str(pTxData,"光照传感器电压：%d.%02dV\r\n",
                                sensor_val/100,sensor_val%100);

            halLedToggle(2);                 // 绿灯取反，无线发送指示
            //把数据通过ZigBee发送出去
            basicRfSendPacket(SEND_ADDR, pTxData,strlen(pTxData ));
            Timer4_On(); //打开定时
            } /*传感器采集、处理结束*/
        }
    }
```

collect.c 文件关键代码如下：

```
    void main(void)
    {
        uint16 len = 0;
        halBoardInit();                      //模块相关资源的初始化
        ConfigRf_Init();                     //无线收发参数的配置初始化
        halLedSet(1);
        while(1)
        {
            if(basicRfPacketIsReady())       //查询有没有收到无线信号
            {
                halLedToggle(2);             // 红灯取反，无线接收指示
                //接收无线数据
                len = basicRfReceive(pRxData, MAX_RECV_BUF_LEN, NULL);
                //把接收到的数据发送到串口
                halUartWrite(pRxData,len);
            }
        }
    }
```

编译项目，将生成的程序烧写到 CC2530 中，在 PC 上通过串口调试软件观察光照传感器的电压值。

使用串口调试软件时应注意以下几点：

① 根据 PC 串口连接情况，选择正确的串口号。如果使用 USB 转串口线连接，需要安装好驱动程序，通过 PC 设备管理器查找出正确的串口号。

② 选择正确的串口参数。波特率为 38400 波特，无奇偶校验，一位停止位。

③ 接收模式选择文本模式。

PC 串口调试结果如图 5-4-6 所示。

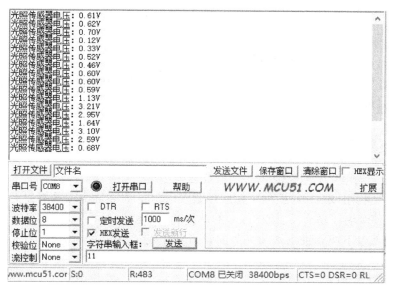

图 5-4-6　串口调试助手显示传感器值

在上述任务的基础上，同时增加气体传感器模块，运行后观察串口调试助手显示的数据。

5.5　基于 ZStack 协议栈采集数字量传感器实验

采用两个 ZigBee 模块，一个作为协调器（ZigBee 节点 1），一个作为终端节点或路由器（ZigBee 节点 2）。ZigBee 节点 2 实时采集人体红外传感器值，将数据发送出去。ZigBee 节点 1 收到数据后，对数据进行判断，然后发送到串口调试助手上，显示传感器数据。数据传输模型如图 5-5-1 所示。

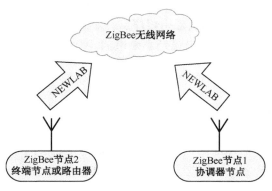

图 5-5-1　数据传输模型

具体效果如下：

① 协调器上电，LED1 闪烁后常亮。

② 终端节点上电，LED1 闪烁后常亮。

③ 终端节点与协调器节点通信成功，LED2 一直闪烁，否则快速闪烁 5 次后熄灭。

④ 观察协调器，在 PC 串口调试助手上查看数据。

本任务主要是利用 ZStack 工程中相应函数实现测量数字量传感器值并无线发送，实现点对点通信功能。使读者了解什么是 ZStack 的单播通信方式。

建议读者带着以下问题进行本项任务的学习和实践：

● 模拟信号和数字信号有哪些区别？

● ZStack 的工作机制是什么？

● ZStack 的几种通信方式有什么区别？

● ZStack 是如何使用串口进行通信的？

● ZStack 的无线通信函数是什么？

1. 什么是 ZStack 协议栈

TI 公司推出 CC253x 芯片的同时，还向用户提供了 ZigBee 的 ZStack 协议栈，这是一种经过 ZigBee 联盟认证，并被全球很多企业广泛采用的一种商业级协议栈。ZStack 协议栈中包含一个小型操作系统（抽象层 OSAL），该操作系统负责系统的调度，其中大部分代码被封装在库函数中，对用户不可见。对于用户来说，只能使用 API 来调度相关库函数。IAR 公司开发的 IAR Embedded Workbench for 8051 软件可以作为 ZStack 协议栈的开发环境。

2. ZStack 协议栈结构

ZStack 协议栈由物理层（PHY）、媒介访问控制层（MAC）、网络层（NWK）和应用层组成，如图 5-5-2 所示。其中应用层包括应用程序支持子层、应用程序框架层和 ZDO 设备对象。在协议栈中，上层实现的功能对下层来说是不知道的，上层可以调用下层提供的函数来实现某些功能。

1）物理层（PHY）

物理层负责将数据通过发射天线发送出去，以及从天线上接收数据。

2）媒介访问控制层（MAC）

介质访问控制层提供点对点通信的数据确认，以及一些用于网络发现和网络形成的命令，但是介质访问控制层不支持多跳、网型网络等拓扑结构。

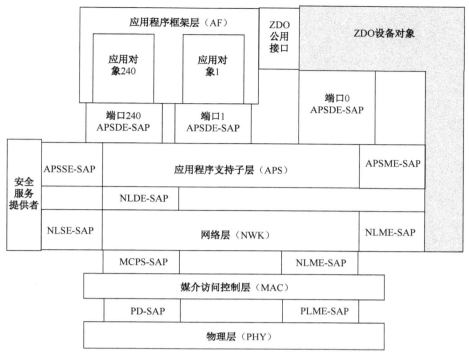

图 5-5-2　ZStack 协议栈的结构

3）网络层（NWK）

网络层主要对网型网络提供支持，如在全网范围内发送广播包，为单播数据包选择路由，确保数据包能够可靠地从一个节点发送到另一个节点。此外，网络层还具有安全特性，用户可以自行选择所需要的安全策略。

4）应用层

① 应用程序支持子层主要提供一些 API 函数供用户调用，此外，绑定表也是存储在应用程序支持子层中的。

② 应用程序框架中包括了最多 240 个应用程序对象，每个应用程序对象运行在不同的端口上。因此，端口的作用是区分不同的应用程序对象。

③ ZDO 设备对象是运行在端口 0 的应用程序，对整个 ZigBee 设备进行配置和管理，用户应用程序可以通过端口 0 与 ZigBee 协议栈的应用程序支持子层、网络层进行通信，从而完成初始化工作。

3．ZStack 协议栈基本概念

1）设备类型

在 ZigBee 网络中存在三种设备类型：协调器（Coordinator）、路由器（Router）和终端设备（End-Device）。ZigBee 网络中只能有一个协调器，可以有多个路由器和多个终端设备。如图 5-5-3 所示，黑色节点为协调器，灰色节点为路由器，白色节点为终端设备。

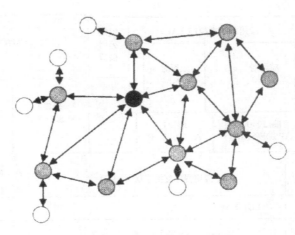

图 5-5-3　ZigBee 网络示意图

协调器的作用：

① 协调器是每个独立的 ZigBee 网络中的核心设备，负责选择一个信道和一个网络 ID（也称 PANID），启动整个 ZigBee 网络。

② 协调器主要负责建立和配置网络。由于 ZigBee 网络本身的分布特性，一旦 ZigBee 网络建立完成后，整个网络的操作就不再依赖协调器是否存在，它与普通的路由器没有什么区别。

路由器的作用：

① 允许其他设备加入网络，多跳路由协助终端设备通信。

② 一般情况下，路由器需要一直处于工作状态，必须使用电力电源供电。但是当使用树型网络拓扑结构时，允许路由器间隔一定的周期操作一次，则路由器可以使用电池供电。

终端设备（终端节点）的作用：

① 终端设备是 ZigBee 实现低功耗的核心，它的入网过程和路由器是一样的。终端设备没有维持网络结构的职责，所以它并不是时刻都处在接收状态的，大部分情况下它都处于 IDLE 或低功耗休眠模式。因此，它可以由电池供电。

② 终端设备会定时与自己的父节点进行通信，询问是否有发给自己的消息，这个过程被形象地成为"心跳"。心跳周期在 f8wConfig.cfg 文件内配置，如-DPOLL_RATE=1000，则说明 ZStack 默认的心跳周期为 1000ms，终端节点每 1s 会与自己的父节点进行一次通信，处理属于自己的信息。因此，终端的无线传输是有一定延迟的。对于终端节点来说，它在网络中的生命是依赖于自己的父节点的，当终端的父节点由于某种原因失效时，终端能够"感知"到脱离网络，并开始搜索周围 NETWORK ID 相同的路由器或协调器，重新加入网络，并将该设备认作自己新的父节点，保证自身无线数据收发的正常进行。

2）信道

ZigBee 采用的是免执照的工业科学医疗（ISM）频段，所以 ZigBee 使用了 3 个频段，分别为 868MHz（欧洲）、915MHz（美国）、2.4GHz（全球）。

因此，ZigBee 共定义了 27 个物理信道。其中，868MHz 频段定义了一个信道；915MHz 频段附近定义了 10 个信道，信道间隔为 2MHz；2.4GHz 频段定义了 16 个信道，信道间隔为 5MHz。具体信道分配见表 5-5-1。

表 5-5-1　ZigBee 信道分配

信 道 编 号	中心频率（MHz）	信道间隔（MHz）	频率上限（MHz）	频率下限（MHz）
k=0	868.3		868.6	868.0
k=1,2,3···10	906+2×(k−1)	2	928.0	902.0
k=11,12,13···26	2401+5×(k−11)	5	2483.5	2400.0

理论上，在 868MHz 的物理层，数据传输速率为 20Kb/s；在 915MHz 的物理层，数据传输速率为 40Kb/s；在 2.4GHz 的物理层，数据传输速率为 250Kb/s。实际上，除掉信道竞争应答和重传等消耗，真正能被应用所利用的速率可能不足 100Kb/s，并且余下的速率可能要被临近多个节点和同一个节点的应用瓜分。

注意：ZigBee 工作在 2.4GHz 频段时，与其他通信协议的信道有冲突：15、20、25、26 信道与 Wi-Fi 信道冲突较小，蓝牙基本不会冲突，无绳电话尽量不与 ZigBee 同时使用。

3）PANID

PANID 其全称是 Personal Area Network ID，一个网络只有一个 PANID，主要用于区分不同的网络，从而允许同一地区可以同时存在多个不同 PANID 的 ZigBee 网络。

4．ZStack 协议栈的下载与安装

ZigBee 协议栈有很多版本，不同厂商提供的 ZigBee 协议栈有一定的区别，本书选用 TI 公司推出的 ZStack-CC2530-2.5.1a 版本，用户可登录 TI 公司的官方网站下载，然后安装使用。另外，ZStack 需要在 IAR Assembler for 8051 8.10.1 版本上运行。

双击 ZStack-CC2530-2.5.1a.exe 文件，即可进行协议栈的安装，如图 5-5-4 所示，默认安装到 C 盘根目录下。

图 5-5-4　安装 ZStack

安装完成之后，在 C:\Texas Instruments\ZStack-CC2530-2.5.1a 目录下有 4 个文件夹，分别是 Documents、Projects、Tools 和 Components。

1）Documents 文件夹

该文件夹内有很多 PDF 文档，主要是对整个协议栈进行说明，用户可以根据需要进行查阅。

2）Projects 文件夹

该文件夹内包括用于 ZStack 功能演示的各个项目的例程，用户可以在这些例程的基础上进行开发。

3）Tools 文件夹

该文件夹内包括 TI 公司提供的一些工具。

4）Components 文件夹

Components 是一个非常重要的文件夹，其中包括 ZStack 协议栈的各个功能函数，具体如下：

- hal 文件夹。为硬件平台的抽象层。
- mac 文件夹。包括 IEEE 802.15.4 物理协议所需要的头文件，TI 公司没有给出这部分的具体源代码，而是以库文件的形式存在。
- mt 文件夹。包括 Z-tools 调试功能所需要的源文件。
- osal 文件夹。包括操作系统抽象层所需要的文件。
- services 文件夹。包括 ZStack 提供的两种服务所需要的文件，即寻址服务和数据服务。
- stack 文件夹。其是 Components 文件夹最核心的部分，是 ZigBee 协议栈的具体实现部分，在该文件夹下，包括 7 个文件夹，分别是 af（应用框架）、nwk（网络层）、sapi（简单应用接口）、sec（安全）、sys（系统头文件）、zcl（ZigBee 簇库）和 zdo（ZigBee 设备对象）。
- zmac 文件夹。包括 ZStack MAC 导出层文件。

ZStack 中的核心部分的代码都是编译好的，以库文件的形式给出，比如安全模块、路由模块、Mesh 自组网模块等。若要获得这部分的源代码，可以向 TI 公司购买。TI 公司提供的 ZStack 代码并非我们理解的"开源"，仅仅提供了一个 ZStack 开发平台，用户可以在 ZStack 的基础上进行项目开发，根本无法看到有些函数的源代码。

1. 设备连接

将人体传感器模块安装在节点电路板上，作为传感器节点，将另一个 ZigBee 模块作为协调器。人体传感器模块插在传感器节点的 U5 插槽上，输入引脚与 CC2530 的 P0.1 相连接，如图 5-5-5 所示。

2. 代码设计

（1）打开 ZStack 的 SampleApp.eww 工程。

打开 C:\Texas Instruments\ZStack-CC2530-2.5.1a\，将 Comments、Projects 文件复制出来，这里要养成良好的编程习惯，每一次编写代码时做好备份。

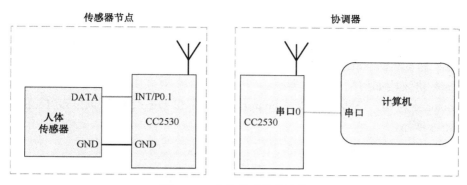

图 5-5-5　人体传感器的连接

打开 Projects\zstack\Samples\SampleApp\CC2530DB\SampleApp.eww 文件，如图 5-5-6 所示。

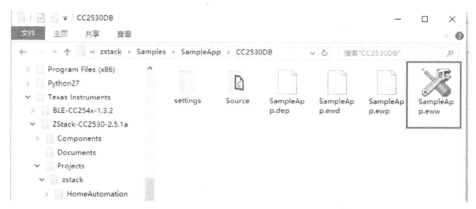

图 5-5-6　打开 SampleApp.eww 文件

打开该工程文件后，可以看到 SampleApp.eww 工程文件布局，如图 5-5-7 所示。

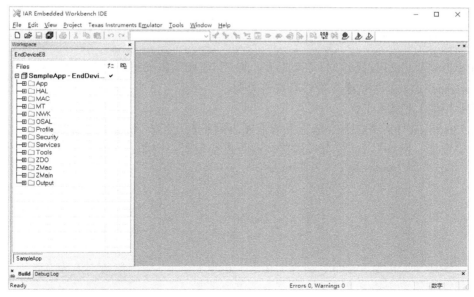

图 5-5-7　SampleApp.eww 工程文件布局

（2）分析设备类型和基本配置。

在 Workspace 栏中，有 DemoEB（表示测试项目）、CoordinatorEB（表示协调器）、RouterEB（表示路由器）和 EndDeviceEB（表示终端节点）四个选项，主要用于分析协调器与终端节点。

① ZStack 协议栈如何配置设备类型。

在 Workspace 栏中，分别选择 CoordinatorEB 和 EndDeviceEB，可以发现 Tools 文件夹的变化，如图 5-5-8 所示。

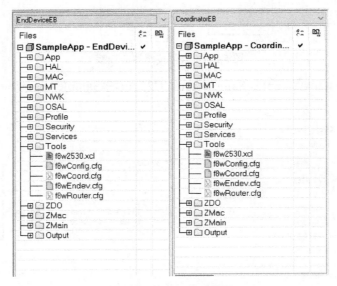

图 5-5-8　设备类型配置

当选择 CoordinatorEB 选项时，f8wCoord.cfg 有效，f8wEndev.cfg 和 f8wRouter.cfg 两个文件无效（文件呈灰白色，表示不参与编译）。f8wCoord.cfg 文件定义了协调器设备类型，具体代码如下：

```
/* Coordinator Settings */
-DZDO_COORDINATOR                   // Coordinator Functions
-DRTR_NWK                           // Router Functions
```

当选择 EndDeviceEB 选项时，f8wEndev.cfg 有效，f8wRouter.cfg 和 f8wCoord.cfg 两个文件无效。f8wEndev.cfg 文件配置终端节点设备类型。

② 硬件和相关网络配置。

f8w2530.xcl 文件对 CC2530 单片机的堆栈、内存进行分配，一般不需要修改，f8wConfig.cfg 文件对信道选择、网络号 ID 等有关的链接命令进行配置。例如：

```
/* Default channel is Channel 11 - 0x0B */
// Channels are defined in the following:
//       0    : 868 MHz      0x00000001
//       1 - 10 : 915 MHz    0x000007FE
//       11 - 26 : 2.4 GHz   0x07FFF800
//
//-DMAX_CHANNELS_868MHZ      0x00000001
//-DMAX_CHANNELS_915MHZ      0x000007FE
//-DMAX_CHANNELS_24GHZ       0x07FFF800
//-DDEFAULT_CHANLIST=0x04000000  // 26 - 0x1A
```

```
//-DDEFAULT_CHANLIST=0x02000000    // 25 - 0x19
//-DDEFAULT_CHANLIST=0x01000000    // 24 - 0x18
//-DDEFAULT_CHANLIST=0x00800000    // 23 - 0x17
//-DDEFAULT_CHANLIST=0x00400000    // 22 - 0x16
//-DDEFAULT_CHANLIST=0x00200000    // 21 - 0x15
//-DDEFAULT_CHANLIST=0x00100000    // 20 - 0x14
//-DDEFAULT_CHANLIST=0x00080000    // 19 - 0x13
//-DDEFAULT_CHANLIST=0x00040000    // 18 - 0x12
//-DDEFAULT_CHANLIST=0x00020000    // 17 - 0x11
//-DDEFAULT_CHANLIST=0x00010000    // 16 - 0x10
//-DDEFAULT_CHANLIST=0x00008000    // 15 - 0x0F
-DDEFAULT_CHANLIST=0x00004000      // 14 - 0x0E
//-DDEFAULT_CHANLIST=0x00002000    // 13 - 0x0D
//-DDEFAULT_CHANLIST=0x00001000    // 12 - 0x0C
//-DDEFAULT_CHANLIST=0x00000800    // 11 - 0x0B

/* Define the default PAN ID.
 *
 * Setting this to a value other than 0xFFFF causes
 * ZDO_COORD to use this value as its PAN ID and
 * Routers and end devices to join PAN with this ID
 */
//-DZDAPP_CONFIG_PAN_ID=0xFFFF
-DZDAPP_CONFIG_PAN_ID=0x2016 -DZDO_COORDINATOR
```

这里我们将信道选择为信道 14，PANID 修改为 0x2016。修改方式就是将之前的代码注释掉，把想修改的值取消注释即可。

注意：为了预防各组之间产生干扰，PANID 需要每组设置的值不同。

（3）编写协调器程序。

① 移除 SampleApp 工程中文件。

将 SampleApp 工程中的 SampleApp.c 移除，移除方法为：选择 SampleApp.c 并单击右键，在弹出的下拉菜单中选择 Remove，如图 5-5-9 所示。

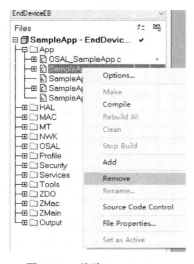

图 5-5-9　移除 SampleApp.c

按照上面的方法移除 SampleAppHw.c、SampleAppHw.h。

② 添加源文件。

单击 File，在弹出的下拉菜单中选择 New，然后选择 File，将文件保存为 Coordinator.c，然后以同样的方法新建 Enddevice.c 文件，文件的保存路径为"C:\Texas Instruments\ZStack-CC2530-2.5.1a\Projects\zstack\Samples\SampleApp\Source"。

选择 SampleApp 工程中的 App，单击右键，在弹出的下拉菜单中选择 Add，然后选择 Add Files，选择刚才新建的两个文件（Coordinator.c、Enddevice.c）即可。

③ 编写 Coordinator.c 程序。

注意 Coordinator.c 程序基本都是从 SampleApp.c 文件中复制而来的。

在 Coordinator.c 中输入以下代码：

```c
#include "OSAL.h"
#include "ZGlobals.h"
#include "AF.h"
#include "aps_groups.h"
#include "ZDApp.h"
#include "SampleApp.h"
#include "SampleAppHw.h"
#include "OnBoard.h"
/* HAL */
#include "hal_lcd.h"
#include "hal_led.h"
#include "hal_key.h"
#include "MT_UART.h"

const cId_t SampleApp_ClusterList[SAMPLEAPP_MAX_CLUSTERS] =
{
  SAMPLEAPP_Point2Point_CLUSTERID          //定义点对点输出簇
};

const SimpleDescriptionFormat_t SampleApp_SimpleDesc =
{
  SAMPLEAPP_ENDPOINT,                      //  int   Endpoint;
  SAMPLEAPP_PROFID,                        //  uint16  AppProfId[2];
  SAMPLEAPP_DEVICEID,                      //  uint16  AppDeviceId[2];
  SAMPLEAPP_DEVICE_VERSION,                //  int     AppDevVer:4;
  SAMPLEAPP_FLAGS,                         //  int     AppFlags:4;
  SAMPLEAPP_MAX_CLUSTERS,                  //  uint8   AppNumInClusters;
  (cId_t *)SampleApp_ClusterList,          //  uint8 *pAppInClusterList;
  SAMPLEAPP_MAX_CLUSTERS,                  //  uint8   AppNumInClusters;
  (cId_t *)SampleApp_ClusterList           //  uint8 *pAppInClusterList;
};
endPointDesc_t SampleApp_epDesc;           //定义端点描述符变量
uint8 SampleApp_TaskID;                    //任务优先级
devStates_t SampleApp_NwkState;            //网络状态

uint8 SampleApp_TransID;                   //数据发送序列号
```

```
void SampleApp_MessageMSGCB( afIncomingMSGPacket_t *pckt );//函数声明

/****************应用初始化函数*********************/
void SampleApp_Init( uint8 task_id )
{
  SampleApp_TaskID = task_id;
  SampleApp_NwkState = DEV_INIT;
  SampleApp_TransID = 0;

  halUARTCfg_t uartConfig;   //串口配置结构体变量

  /* 串口配置 */
  uartConfig.configured           = TRUE;
  uartConfig.baudRate             = MT_UART_DEFAULT_BAUDRATE;
  uartConfig.flowControl          = FALSE;
  uartConfig.flowControlThreshold = MT_UART_DEFAULT_THRESHOLD;
  uartConfig.rx.maxBufSize        = MT_UART_DEFAULT_MAX_RX_BUFF;
  uartConfig.tx.maxBufSize        = MT_UART_DEFAULT_MAX_TX_BUFF;
  uartConfig.idleTimeout          = MT_UART_DEFAULT_IDLE_TIMEOUT;
  uartConfig.intEnable            = TRUE;
  uartConfig.callBackFunc         = NULL;

  HalUARTOpen (MT_UART_DEFAULT_PORT, &uartConfig);

  SampleApp_epDesc.endPoint = SAMPLEAPP_ENDPOINT;
  SampleApp_epDesc.task_id = &SampleApp_TaskID;
  SampleApp_epDesc.simpleDesc
          = (SimpleDescriptionFormat_t *)&SampleApp_SimpleDesc;
  SampleApp_epDesc.latencyReq = noLatencyReqs;
  //AF无线通信注册
  afRegister( &SampleApp_epDesc );
  //按键注册
  RegisterForKeys( SampleApp_TaskID );
}

/****************应用事件处理函数*******************/
uint16 SampleApp_ProcessEvent( uint8 task_id, uint16 events )
{
  afIncomingMSGPacket_t *MSGpkt;              //定义一个指向接收消息的结构体指针
  (void)task_id;

  if ( events & SYS_EVENT_MSG )              //如果事件是系统事件
  {
    //获取消息包
    MSGpkt = (afIncomingMSGPacket_t *)osal_msg_receive( SampleApp_TaskID );
    while ( MSGpkt )
    {
```

```
         switch ( MSGpkt->hdr.event )              //判断消息的类型
         {
           case AF_INCOMING_MSG_CMD:                //无线接收到数据消息
             SampleApp_MessageMSGCB( MSGpkt );      //无线处理数据函数
             break;
           default:
             break;
         }
         osal_msg_deallocate( (uint8 *)MSGpkt );
         MSGpkt =
     (afIncomingMSGPacket_t *)osal_msg_receive( SampleApp_TaskID );
         }
         return (events ^ SYS_EVENT_MSG);           //返回未处理的事件
       }
       return 0;                                    //丢弃未知的事件
     }
     /*****************无线接收信息处理函数*******************/
     void SampleApp_MessageMSGCB( afIncomingMSGPacket_t *pkt )
     {
       switch ( pkt->clusterId )
       {
       case SAMPLEAPP_Point2Point_CLUSTERID:        //通过点对点簇接收信息
         if(pkt->cmd.Data[0] == 0x31)
         {
           HalUARTWrite(0,"有人进入\n", 9);          //串口显示有人
           HAL_TURN_ON_LED2();                       //有人LED2常亮
         }
         else if(pkt->cmd.Data[0] == 0x30)
         {
             HalUARTWrite(0,"无人进入\n", 9);         //串口显示无人
             HAL_TURN_OFF_LED2();                     //无人LED2熄灭
         }
         break;
       }
     }
```

④ 设置 Enddevice.c 文件不参与编译。

在 Workspace 的下拉列表框中选择 CoordinatorEB,然后选择 Enddevice.c 文件并单击右键,在弹出的下拉菜单中选择 Options,在弹出的对话框中选择 Exclude from build,使得 Enddevice.c 文件呈灰白显示状态。文件呈灰白显示状态说明该文件不参与编译,ZigBee 协议栈正是使用这种方式控制源文件是否参与编译。

(4)编写终端程序。

在 Workspace 的下拉列表框中选择 EndDeviceEB,设置 Coordinator.c 文件不参与编译。在 Enddevice.c 文件中输入如下代码:

```
     #include "OSAL.h"
     #include "ZGlobals.h"
     #include "AF.h"
     #include "aps_groups.h"
```

```c
#include "ZDApp.h"
#include "SampleApp.h"
#include "SampleAppHw.h"
#include "OnBoard.h"

/* HAL */
#include "hal_lcd.h"
#include "hal_led.h"
#include "hal_key.h"
/
const cId_t SampleApp_ClusterList[SAMPLEAPP_MAX_CLUSTERS] =
{
  SAMPLEAPP_Point2Point_CLUSTERID     //定义点对点输出簇
};
const SimpleDescriptionFormat_t SampleApp_SimpleDesc =
{
  SAMPLEAPP_ENDPOINT,                 //  int Endpoint;
  SAMPLEAPP_PROFID,                   //  uint16 AppProfId[2];
  SAMPLEAPP_DEVICEID,                 //  uint16 AppDeviceId[2];
  SAMPLEAPP_DEVICE_VERSION,           //  int   AppDevVer:4;
  SAMPLEAPP_FLAGS,                    //  int   AppFlags:4;
  SAMPLEAPP_MAX_CLUSTERS,             //  uint8 AppNumInClusters;
  (cId_t *)SampleApp_ClusterList,     //  uint8 *pAppInClusterList;
  SAMPLEAPP_MAX_CLUSTERS,             //  uint8 AppNumInClusters;
  (cId_t *)SampleApp_ClusterList      //  uint8 *pAppInClusterList;
};
endPointDesc_t SampleApp_epDesc;      //端点描述符

uint8 SampleApp_TaskID;               //任务优先级
devStates_t SampleApp_NwkState;       //网络状态
uint8 SampleApp_TransID;              //数据发送序列号

afAddrType_t SampleApp_Point2Point_DstAddr;  //定义点对点通信结构体变量
uint8 get_swsensor(void);
void  SampleApp_SendP2PMessage( void );

/****************应用初始化函数*****************/
void SampleApp_Init( uint8 task_id )
{
  SampleApp_TaskID = task_id;
  SampleApp_NwkState = DEV_INIT;
  SampleApp_TransID = 0;
  //点对点通信结构体变量内容填充
  SampleApp_Point2Point_DstAddr.addrMode = (afAddrMode_t)Addr16Bit;
  SampleApp_Point2Point_DstAddr.endPoint = SAMPLEAPP_ENDPOINT;
  SampleApp_Point2Point_DstAddr.addr.shortAddr = 0x0000;

  SampleApp_epDesc.endPoint = SAMPLEAPP_ENDPOINT;
```

```
    SampleApp_epDesc.task_id = &SampleApp_TaskID;
    SampleApp_epDesc.simpleDesc
      = (SimpleDescriptionFormat_t *)&SampleApp_SimpleDesc;
    SampleApp_epDesc.latencyReq = noLatencyReqs;

    //AF无线通信注册
    afRegister( &SampleApp_epDesc );
    //按键注册
    RegisterForKeys( SampleApp_TaskID );
}
/*****************事件处理函数********************/
uint16 SampleApp_ProcessEvent( uint8 task_id, uint16 events )
{
    afIncomingMSGPacket_t *MSGpkt;              //定义一个指向接收消息的结构体指针
    (void)task_id;

    if ( events & SYS_EVENT_MSG )
    {
      MSGpkt = (afIncomingMSGPacket_t *)osal_msg_receive( SampleApp_TaskID );
      while ( MSGpkt )
      {
        switch ( MSGpkt->hdr.event )
        {
        case ZDO_STATE_CHANGE:                  //ZDO状态改变消息改变事件
          SampleApp_NwkState = (devStates_t)(MSGpkt->hdr.status);
          if ( (SampleApp_NwkState == DEV_ZB_COORD)
             || (SampleApp_NwkState == DEV_ROUTER)
               || (SampleApp_NwkState == DEV_END_DEVICE) )
          {
            osal_start_timerEx( SampleApp_TaskID,
                           SAMPLEAPP_SEND_PERIODIC_MSG_EVT,
                           SAMPLEAPP_SEND_PERIODIC_MSG_TIMEOUT );
//启动一个定时器，每5s启动一个SAMPLEAPP_SEND_PERIODIC_MSG_EVT事件
          }
          else
          {
          }
          break;
        default:
          break;
        }
        osal_msg_deallocate( (uint8 *)MSGpkt );
        MSGpkt =
(afIncomingMSGPacket_t *)osal_msg_receive( SampleApp_TaskID );
      }
      return (events ^ SYS_EVENT_MSG);          //返回未处理的事件
    }
//SAMPLEAPP_SEND_PERIODIC_MSG_EVT事件在这里被处理
```

```
  if ( events & SAMPLEAPP_SEND_PERIODIC_MSG_EVT )
  {
    SampleApp_SendP2PMessage();                    //调用点对点信息发送函数
    osal_start_timerEx( SampleApp_TaskID,
                        SAMPLEAPP_SEND_PERIODIC_MSG_EVT,
          (SAMPLEAPP_SEND_PERIODIC_MSG_TIMEOUT + (osal_rand() & 0x00FF)));
    return (events ^ SAMPLEAPP_SEND_PERIODIC_MSG_EVT);
  }
  return 0;
}
/***********************************************
人体红外传感器初始化
**********************************************/
uint8 get_swsensor(void)
{
  P0DIR |= ~0X02;                                //将P0_1设置成输出
  return P0_1;                                   //返回p0_1电平
}
/*********************************************
点对点发送传感器数据函数
*********************************************/
void SampleApp_SendP2PMessage( void )
{
    uint8 sensor_val =get_swsensor();
    byte state;
    if(!sensor_val)    //有人,因为人体红外传感器默认无人高电平,所以这里有人为低电平
    {
       state = 0x31;   //状态置为0x31
    }
    else    //无人
    {
       state = 0x30;   //状态置为0x30
    }
    if ( AF_DataRequest( &SampleApp_Point2Point_DstAddr,
                    &SampleApp_epDesc,
                    SAMPLEAPP_Point2Point_CLUSTERID,
                    1,
                    &state,
                    &SampleApp_TransID,
                    AF_DISCV_ROUTE,
                    AF_DEFAULT_RADIUS ) == afStatus_SUCCESS )
    {
      HalLedBlink(HAL_LED_2,0,50,1000);    //发送成功,LED2一直闪烁
    }
    else
    {
      HalLedBlink(HAL_LED_2,5,50,300);     //发送失败,LED2快速闪烁5次熄灭
    }
}
```

（5）修改 hal_board_cfg.h。

当协调器建立网络后，有终端节点加入网络，ZStack 协议栈默认设置 ZigBee 模块的第三个灯会点亮，但 ZigBee 模块只有 LED1 和 LED2 灯，连接灯对应的是 LED1 灯（P1_0），通信灯对应的是 LED2 灯（P1_1），在此需要根据 ZigBee 模块修改 hal_board_cfg.h 文件。

在 HAL 目录下的 Target\CC2530EB\Config 中打开 hal_board_cfg.h 文件，找到以下代码：

```
/* 1 - Green */
#define LED1_BV             BV(2) // BV(0)
#define LED1_SBIT           P1_2
#define LED1_DDR            P1DIR
#define LED1_POLARITY       ACTIVE_HIGH

#if defined (HAL_BOARD_CC2530EB_REV17)
 /* 2 - Red */
 #define LED2_BV            BV(1)
 #define LED2_SBIT          P1_1
 #define LED2_DDR           P1DIR
 #define LED2_POLARITY      ACTIVE_HIGH

 /* 3 - Yellow */
 #define LED3_BV            BV(0) // BV(4)
 #define LED3_SBIT          P1_0
 #define LED3_DDR           P1DIR
 #define LED3_POLARITY      ACTIVE_HIGH
```

另外，ZStack 协议栈中对 LED 操作的函数类型也有很多，主要操作函数见表 5-5-2。

表 5-5-2　LED 的主要操作函数

函 数 名	功　　能
HAL_TURN_OFF_LED1()	熄灭 LED1，LED1 可修改为 LED1~LED4 中任一个
HAL_TURN_ON_LED1()	点亮 LED1，LED1 可修改为 LED1~LED4 中任一个
HAL_TOGGLE_LED1()	翻转 LED1，LED1 可修改为 LED1~LED4 中任一个
HalLedSet (uint8 leds, uint8 mode)	形参 leds 可为 HAL_LED_1\2\3\4\ALL 中任一个 形参 mode 可为 HAL_LED_MODE_BLINK\FLASH\TOGGLE\ ON\OFF 中任一个 举例：HalLedSet (HAL_LED_1, HAL_LED_MODE_ON)，点亮 LED1
HalLedBlink (uint8 leds, uint8 numBlinks, uint8 percent, uint16 period)	形参 leds 可为 HAL_LED_1\2\3\4\ALL 中任一个 形参 numBlinks 为闪烁次数，如 10 为闪烁 10 次，0 为无限闪烁 形参 percent 为每个周期的占空比，即一定时间内 LED 亮的时间占百分之几 形参 period 为周期 举例 1：HalLedBlink (HAL_LED_4, 0, 50, 500)，表示 LED4 无限闪烁，50 是百分之五十，就是亮灭各一半，500 是周期，就是 0.5s 举例 2：HalLedBlink (HAL_LED_ALL,10, 50, 500)，表示使 LED1、LED2、LED3 和 LED4 全部同时闪烁 10 次，并且闪烁 10 次之后全部熄灭

（6）下载程序、运行。

在 Workspace 的下拉列表框中选择 CoordinatorEB，将协调器程序下载到 ZigBee 模块 1 中；然后再在 Workspace 的下拉列表框中选择 EndDeviceEB，将终端节点程序分别下载到另一个 ZigBee 模块 2 中。几秒后，发现终端节点 LED1 点亮，LED2 闪烁，说明两个节点已经正常通信,将实验设备平台通过 USB 转串口线与 PC 进行连接。打开串口调试工具,选择波特率 38400,观察数据, 如图 5-5-10 所示。

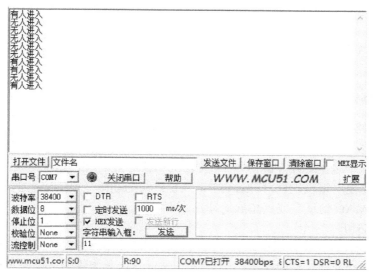

图 5-5-10　串口调试结果

在上述任务的基础上,将人体传感器换成气体传感器模块,运行后观察串口调试助手显示的数据。

5.6　基于 ZStack 协议栈组网实验

采用 5 个 ZigBee 模块,一个作为协调器,两个作为路由器,两个作为终端节点,使用 TI 公司提供的 ZigBee Sensor Monitor 软件观察网状网络拓扑结构。

本任务主要是利用 ZStack 工程中相应函数实现获取网络地址信息并无线发送,实现点对点通信功能,使读者了解 ZStack 的网络地址信息是如何获取的。

建议读者带着以下问题进行本项任务的学习和实践:

● 三种网络拓扑结构是什么?

● 在一个网络中,协调器、路由、终端设备的区别是什么?

● ZigBee Sensor Monitor 如何使用?

开发 ZigBee 无线传感网络，必须熟练掌握 ZStack 协议栈的网络管理，主要内容包括节点网络地址和 MAC 地址、节点的父节点网络地址和父节点 MAC 地址、网络拓扑结构等。

1．ZigBee 网络的设备地址

在 ZigBee 网络中，设备地址有 64 位 IEEE 地址和 16 位网络地址两种。

1）64 位 IEEE 地址

64 位 IEEE 地址是全球唯一的。每个 CC2530 单片机的 IEEE 地址是在出厂时就已经定义好的。当然，可以使用编程软件"SmaerRF Flash Programmer"修改设备的 IEEE 地址。64 位 IEEE 地址又称"MAC 地址"或"拓展地址"。

2）16 位网络地址

16 网络地址的作用是在网络中标识不同的设备，可以作为数据传输的目的地址或源地址，就像快递单上的发件地址和接收地址。16 位网络地址又称"逻辑地址"或"短地址"。协调器在建立网络以后使用 0x0000 作为自己的网络地址。网络地址是 16 位的，因此一个网络中最多可以有 65536 个设备。当设备加入网络时，其父设备按照一定的算法计算，并为该设备分配网络地址。

3）节点相关地址查询

ZStack 协议栈提供了可以查询节点的网络地址、MAC 地址，其父节点网络地址及 MAC 地址等内容的相关函数。

① 查询节点网关地址函数：uint16 NLME_GetShortAddr(void)，该函数的返回值为该节点的网络地址。

② 查询节点 MAC 地址函数：byte *NLME_GetExtAddr(void)，该函数的返回值指向该节点 MAC 地址的指针。

③ 查询父节点网络地址函数：uint16 NLME_GetCoorShortAddr(void)，该函数的返回值为该父节点的网络地址。

④ 查询父节点 MAC 地址函数：uint16 NLME_GetCoorExtAddr(void)，该函数的返回值为该父节点的 MAC 址。

已知某节点的网络地址，查询该节点的 IEEE 地址，或者已知某节点的 IEEE 地址，查询该节点的网络地址。例如：ZDP_IEEEAddrReq（uint16 shortAddr, byte ReqType, byte StartIndex, byte SecurityEnable）函数，其作用是已知网络地址，查询 IEEE 地址等信息。

2．ZigBee 协议栈网络拓扑

ZigBee 协议栈定义了星型、树型、Mesh（网状）三种网络拓扑，各自特点如下：
● 星型网络：所有节点（路由器和终端节点）只能与协调器进行通信。
● 树型网络：终端节点与父节点通信，路由器可与子节点和父节点通信。
● Mesh（网状）：所有节点都是对等实体，任意两节点之间都可以通信。

1．安装 ZigBee Sensor Monitor 软件

找到本书配套资料的 ZigBee Sensor Monitor 软件，右键单击以管理员身份运行，开始安装软件，如图 5-6-1 所示。

图 5-6-1　安装 ZigBee Sensor Monitor

2．代码设计

第一步，打开 SensorDemo.eww 工程（路径：\zstack\Samples\SensorDemo\CC2530DB）。打开 NWK 层的 nwk.globals.h 文件，可以看到如下代码：

```
// Controls the operational mode of network
#define NWK_MODE_STAR        0    //星型拓扑
#define NWK_MODE_TREE        1    //树型拓扑
#define NWK_MODE_MESH        2    //网状拓扑
```

ZStack 协议栈定义了四种方案，在 C/C++ Compiler 的 Preprocessor 栏内预定义了"ZIGBEEPRO"，所以这里使用 ZIGBEEPRO_PROFILE 方案，预定义内容如图 5-6-2 所示，配置代码如下：

```
// Controls various stack parameter settings
#define NETWORK_SPECIFIC     0
#define HOME_CONTROLS        1
#define ZIGBEEPRO_PROFILE    2
#define GENERIC_STAR         3
#define GENERIC_TREE         4

#if defined ( ZIGBEEPRO )
  #define STACK_PROFILE_ID        ZIGBEEPRO_PROFILE
#else
  #define STACK_PROFILE_ID        HOME_CONTROLS
```

```
#endif

#if ( STACK_PROFILE_ID == ZIGBEEPRO_PROFILE )
    #define MAX_NODE_DEPTH          20
    #define NWK_MODE                NWK_MODE_MESH        //更改此处可以改变组网方式
    #define SECURITY_MODE           SECURITY_COMMERCIAL
 #if   ( SECURE != 0 )
    #define USE_NWK_SECURITY        1                    // true or false
    #define SECURITY_LEVEL          5
 #else
    #define USE_NWK_SECURITY        0                    // true or false
    #define SECURITY_LEVEL          0
```

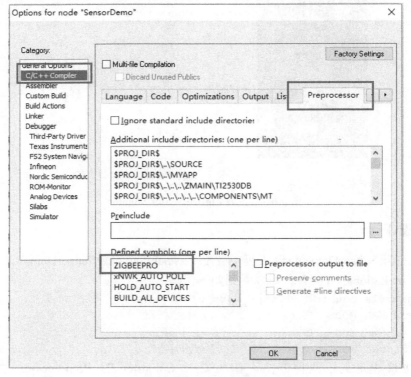

图 5-6-2　预定义内容

3．实现网状拓扑结构

（1）制作协调器：在 Workspace 栏内选择 CollcetEB，编译无误后，下载到一个 ZigBee 模块中作为协调器。

（2）制作路由器：在 Workspace 栏内选择 Route，编译无误后，下载到两个 ZigBee 模块中作为路由器。

（3）制作终端节点：在 Workspace 栏内选择 End_Sensor，编译无误后，下载到两个 ZigBee 模块中作为终端节点。

（4）通过串口线将协调器与 PC 连接起来，并给协调器上电。

（5）运行 ZigBee Sensor Monitor 软件。选择 COM 端口，再单击 ◉ 按钮，然后给路由器和终端节点同时上电。可以看到路由器、终端节点自动寻找网络并加入，形成网状拓扑结构，如图 5-6-3 所示。注意：路由器、终端节点上电顺序不同，则形成的拓扑结构也有所不同。

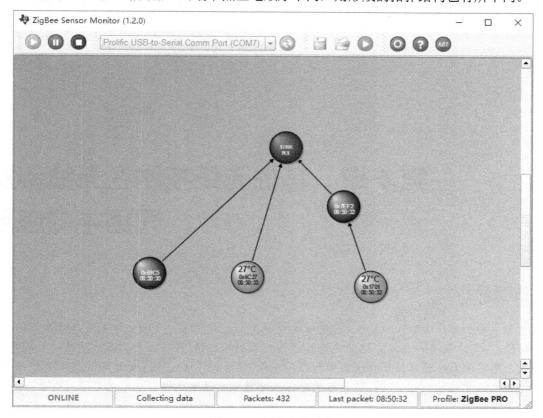

图 5-6-3　网状拓扑结构

在上述任务的基础上，实现树型、星型网络拓扑结构，并使用 ZigBee Sensor Monitor 观察。

第6章 其他无线技术在无线传感网络中的应用

本章简介

本章主要介绍除 Wi-Fi、蓝牙、ZigBee 之外的无线通信技术，了解各种无线通信技术的异同点与优缺点。其中任务一主要介绍其他无线通信技术基础知识，任务二介绍无线通信的发展影响，任务三介绍其他无线通信技术在现实中的应用场景，任务四基于 GPRS 无线通信技术实现一个发送短信和拨打电话的应用实验，让读者更加深入掌握传感器与无线传感网络之间的关系。

章节目标

- 了解什么是无线通信技术。
- 了解各种无线通信技术的优缺点。
- 掌握主流无线技术的应用。
- 熟悉其他无线通信技术应用开发。

章节任务

6.1 什么是无线通信技术

1. 通信的定义

通信，是指通过某种媒质进行的信息传递。通信的基本形式是在信源与信宿之间建立一个传输信息的通道。现代通信意义上所指的信息已不再局限于电话、电报、传真等单一媒体信息，而是将声音、文字、图像、数据等合为一体的多媒体信息，这些信息通过通信来进行传递。

2．通信系统的组成

通信系统中涉及大量具体设备，但所有通信系统可以抽象为一个通信模型，其涵盖了所有通信系统的特征，由信源、信宿、变换器、反变换器、信道组成（图 6-1-1）。

图 6-1-1　通信系统的组成

- 信源：产生各种信息（如语音、文字、图像及数据等）的信息源，可以是发出信息的人或机器，如计算机等。
- 信宿：信息的接收者，可以与信源相对应构成人到人通信或机器到机器通信，也可以与信源不一致，构成人到机器通信或机器到人通信。
- 信道：信号的传输媒介，可以分为有线信道和无线信道。
- 变换器：将信源产生的信号变换成适合在信道中传输的信号。
- 反变换器：将从信道上接收的信号变换成信息接收者可以接收的信息，反变换器的作用与变换器正好相反，起着还原的作用。
- 噪声源：噪声不是通信模型中的一部分，但通信模型中传输的信号会被噪声所干扰，从而产生误码。

3．传输介质

通信系统中的传输介质是用来传递信号的某种介质，常见的传输介质包括双绞线、同轴电缆、光纤、无线传输等（图 6-1-2）。

1）双绞线

双绞线由两条相互绝缘的铜线组成，其直径大约为 1mm，两条线像螺纹一样绞在一起（抵消串音干扰）。双绞线的传输距离一般为 100m，既可传输模拟信号，也可传输数字信号。每一个线对采用橙、绿、蓝、棕四种颜色中的一种作为编码，另外一条是白色或白色相间的（图 6-1-3）。

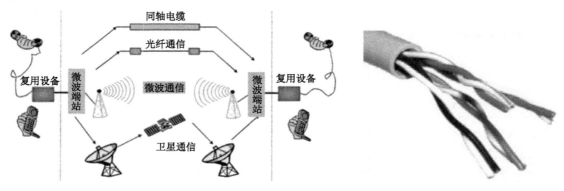

图 6-1-2　通信系统中传输介质　　　　　　　　图 6-1-3　双绞线

2）同轴电缆

同轴电缆由一根空心的外圆柱导体和一根位于中心轴线的内导线组成，内导线和圆柱导体及外界之间用绝缘材料隔开（图6-1-4）。按直径的不同，可分为粗缆和细缆两种。同轴电缆传输带宽较大，大量用于有线电视网。

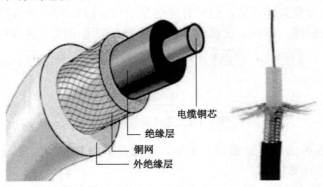

电缆铜芯

绝缘层

铜网

外绝缘层

图 6-1-4 同轴电缆

3）光纤

光纤是光导纤维的简称，光纤通信是以光波为载波、以光纤为传输媒介的一种通信方式。目前光纤通信使用波长多为近红外区内，即波长为 1310nm 和 1550nm。光纤具有传输容量大、传输损耗低、抗电磁干扰能力强、易于敷设和材料资源丰富等优点，可广泛用于越洋通信、长途干线通信、市话通信和计算机网络等许多需要传输信号的场合（图6-1-5）。目前在一些经济发达的地区，光纤入户已经逐步普及。

4）微波通信

微波是一种频率极高、波长极短的电磁波，一般指频率为 300MHz～300GHz 的电磁波。微波通信是利用微波做载波进行的无线电通信。微波按直线传播，若要进行远程通信，则须在高山铁塔或高层建筑物顶上安装微波转发设备进行中继通信（图6-1-6）。微波主要用于长途通信、移动通信系统基站与移动业务交换中心之间的信号传输及特殊地形的通信等。

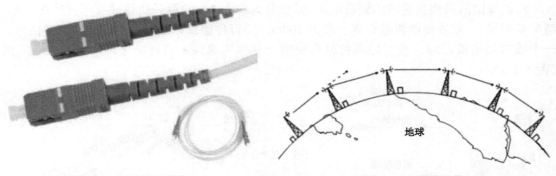

地球

图 6-1-5 宽带光纤线　　　　　　　　　图 6-1-6 微波通信

5）卫星通信

卫星通信利用人造地球卫星在微波频段作为中继站转发无线电信号，在两个或多个地面站之间进行通信。卫星通信具有频带宽、容量大、适于多种业务、覆盖能力强、性能稳定、不受地理条件限制、成本与通信距离无关等特点。一颗通信卫星总通信容量可实现上万路双向电话和十几路彩色电视的传输。一颗同步卫星发射的电波能覆盖地球的 1/3 区域，因此，3 颗同步卫星就能覆盖全球，也就是说，利用 3 颗同步卫星就能进行全球通信。

4．无线通信的定义

无线通信（Wireless Communication）是利用电磁波信号可以在自由空间中传播的特性进行信息交换的一种通信方式（图 6-1-7）。在移动中实现的无线通信通称移动通信，人们把二者合称为无线移动通信。

图 6-1-7　无线通信

近些年信息通信领域中发展最快、应用最广的就是无线通信技术。

5．无线通信主要分类

无线通信主要包括微波通信和卫星通信。微波是一种无线电波，它传送的距离一般只有几十千米。但微波的频带很宽，通信容量很大。微波通信每隔几十千米要建一个微波中继站。卫星通信利用通信卫星作为中继站，在地面上两个或多个地球站之间或移动体之间建立微波通信。

6.2　无线通信技术的发展影响

伴随当今社会信息化程度的不断攀升，市场化程度不断提升，经济的不断发展让人们对信息化的需求程度也越来越高，人们的生活方式、工作方式、管理模式和信息交流等都越来越依靠信息化技术，原有的通信方式也经过信息化的洗礼重新延伸，同时，这也是信息化时代发展前进的必经之路。无线通信技术发展大致被划分为 5 个阶段。

第一个阶段在 20 世纪四五十年代，该时间段内的人们主要采用的是电子管技术（图 6-2-1），该技术优点是携带方便，可以连接车船、稳定性强、噪声小，被广泛地运用到大型舰船和军队中。在该阶段甚至还出现了较高频段与超高频段。

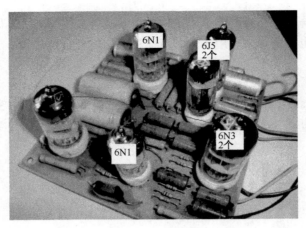

图 6-2-1　第一个阶段

第二个阶段在 20 世纪 60 年代，该时间段内的频段一直都在不停地延伸，且频段在向器件半导体过渡。无线通信技术在这期间内将公共区域内的移动网络接入内部电话网络中，确保通信能持续地进行下去（图 6-2-2）。

图 6-2-2　第二个阶段

第三个阶段在 20 世纪 80 年代，该时间段内的短频被延伸到了 1800MHz，20 世纪 70 年代末美国的贝尔实验室首先开发了移动电话服务，让人们能在任何时间和地点进行通信，并且有庞大的蜂窝移动通信系统满足不同用户的不同需求，这是一个历史性的时刻（图 6-2-3）。

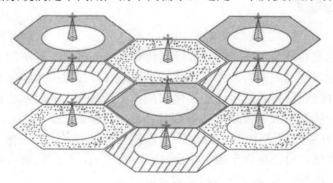

图 6-2-3　第三个阶段

第四个阶段在 20 世纪 90 年代，主要成就就是第二代数字移动通信的关键技术（图 6-2-4），它还促进了调制技术的蓬勃发展，标志着无线通信网络时代的到来。接着 Digital AMPS 和 GSM/DCS 制式等不同的业务都如春笋般迅速出现，积极地促进了移动通信技术的发展。

图 6-2-4　第四个阶段

第五个阶段在 21 世纪，当前的通信方式已经无法满足人们的需求，加上部分数据通信和多媒体通信需求与日俱增，此时人们更加需要提升数据通信的数据传输速率和通话质量，进一步促进第三代移动通信的兴起（图 6-2-5）。

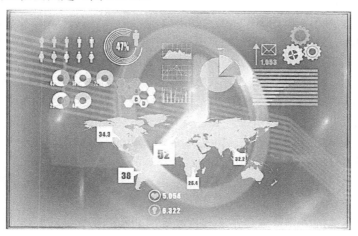

图 6-2-5　第五个阶段

无线技术给人们带来的影响是无可争议的。如今每一天大约有 15 万人成为新的无线用户，全球范围内的无线用户数量已经超过 2 亿人。这些人包括大学教授、仓库管理员、护士、商店负责人、办公室经理和卡车司机等。他们使用无线技术的方式和他们自身的工作一样都在不断地更新。

从 20 世纪 70 年代，人们就开始了无线网的研究。在整个 80 年代，伴随着以太局域网的迅猛发展，具有不用架线、灵活性强等优点的无线网以己之长补"有线"所短，也赢得了特定市场的认可，但也正是因为当时的无线网作为有线以太网的一种补充，遵循了 IEEE 802.3 标准，使直接架构于 802.3 上的无线网产品存在易受其他微波噪声干扰、性能不稳定、传输速率低且不易升级等弱点，不同厂商的产品相互也不兼容，这一切都限制了无线网的进一步应用。

这样，制定一个有利于无线网自身发展的标准就提上了议事日程。到 1997 年 6 月，IEEE 终于通过了 802.11 标准。802.11 标准是 IEEE 制定的无线局域网标准，主要是对网络的物理层（PH）和媒介访问控制层（MAC）进行了规定，其中对 MAC 层的规定是重点。各厂商的产品在同一物理层上可以互操作，逻辑链路控制层（LLC）是一致的，即 MAC 层以下对网络应用是透明的。

6.3 其他无线技术介绍

1. UWB（Ultra Wideband，超宽带）

1）简介

UWB 是一种无载波通信技术，利用纳秒至微微秒级的非正弦波窄脉冲传输数据。有人称它为无线电领域的一次革命性进展，认为它将成为未来短距离无线通信的主流技术。

UWB 调制采用脉冲宽度在纳秒级的快速上升和下降脉冲，脉冲覆盖的频谱从直流至吉赫兹，不需要常规窄带调制所需的 RF 频率变换，脉冲成形后可直接送至天线发射。脉冲峰峰时间间隔在 10～100ps 级。频谱形状可通过甚窄持续单脉冲形状和天线负载特征来调整。UWB 信号在时间轴上是稀疏分布的，其功率谱密度相当低，RF 可同时发射多个 UWB 信号。UWB 信号类似于基带信号，可采用 OOK、对映脉冲键控、脉冲振幅调制或脉位调制。UWB 不同于把基带信号变换为无线射频（RF）的常规无线系统，可视为在 RF 上的基带传播方案，在建筑物内能以极低频谱密度达到 100Mb/s。为进一步提高数据传输速率，UWB 应用超短基带丰富的吉赫兹级频谱，采用安全信令方法（Intriguing Signaling Method）。基于 UWB 的宽广频谱，FCC 在 2002 年宣布 UWB 可用于精确测距、金属探测、新一代 WLAN 和无线通信。为保护 GPS、导航和军事通信频段，UWB 限制在 3.1～10.6GHz 和低于 41dB 的发射功率。

2）技术原理

UWB 技术最基本的工作原理是发送和接收脉冲间隔严格受控的高斯单周期超短时脉冲，超短时单周期脉冲决定了信号的带宽很宽，接收机直接用一级前端交叉相关器把脉冲序列转换成基带信号，省去了传统通信设备中的中频级，极大地降低了设备复杂性。UWB 技术采用脉冲位置调制 PPM 单周期脉冲来携带信息和信道编码，一般工作脉宽为 0.1～1.5ns，重复周期在 25～1000ns。UWB 系统采用相关接收技术，关键部件称为相关器。相关器用准备好的模板波形乘以接收到的射频信号，再积分就得到一个直流输出电压。相乘和积分只发生在脉冲持续时间内，间歇期则没有。处理过程一般在不到 1ns 的时间内完成。相关器实质上是改进了的延迟探测器，模板波形匹配时，相关器的输出结果度量了接收到的单周期脉冲和模板波形的相对时间位置差。

值得注意的是，虽然 UWB 信号几乎不对工作于同一频率的无线设备造成干扰。但是所有带内的无线电信号都是对 UWB 信号的干扰，UWB 可以综合运用伪随机编码和随机脉冲位置调制，以及相关解调技术来解决这一问题。

3）特点

与蓝牙和 WLAN 等带宽相对较窄的传统无线系统不同，UWB 能在宽频上发送一系列非常窄的低功率脉冲。较宽的频谱、较低的功率、脉冲化数据，意味着 UWB 引起的干扰小于传统的窄带无线解决方案，并能够在室内无线环境中提供与有线相媲美的性能。UWB 具有以下特点。

① 抗干扰能力强。UWB 采用跳时扩频信号，系统具有较大的处理增益，在发射时将微弱的无线电脉冲信号分散在宽阔的频带中，输出功率甚至低于普通设备产生的噪声。接收时将信号能量还原出来，在解扩过程中产生扩频增益。因此，与 IEEE 802.11a、IEEE 802.11b 和蓝牙相比，在同等码速条件下，UWB 具有更强的抗干扰性，传输速率高，UWB 的数据传输速率可以达到每秒几十兆位到几百兆位，有望高于蓝牙 100 倍，也可以高于 IEEE 802.11a 及 IEEE 802.11b。

② 带宽极大。UWB 使用的带宽在 1GHz 以上，高达几个吉赫兹。超宽带系统容量大，并且可以和目前的窄带通信系统同时工作而互不干扰。这在频率资源日益紧张的今天，开辟了一种新的时域无线电资源。

③ 消耗电能小。通常情况下，无线通信系统在通信时需要连续发射载波，因此要消耗一定电能。而 UWB 不使用载波，只是发出瞬间脉冲电波，也就是直接按 0 和 1 发送出去，并且在需要时才发送脉冲电波，所以消耗电能小。

④ 保密性好。UWB 保密性表现在两方面。一方面是采用跳时扩频，接收机只有已知发送端扩频码时才能解出发射数据；另一方面是系统的发射功率谱密度极低，用传统的接收机无法接收。

⑤ 发送功率非常小。UWB 系统发射功率非常小，通信设备可以用小于 1mW 的发射功率就能实现通信。低发射功率大大延长了系统电源工作时间。而且，发射功率小，其电磁波辐射对人体的影响也会很小，应用面就广。

4）UWB 的应用

① 应用概述。

由于 UWB 具有强大的数据传输速率优势，同时受发射功率的限制，在短距离范围内提供高速无线数据传输将是 UWB 的重要应用领域，如当前 WLAN 和 WPAN 的各种应用。总的说来，UWB 主要分为军用和民用两个方面。

② 军用方面。

UWB 技术多年来一直是美国军方使用的作战技术之一。

UWB 技术一个介于雷达和通信之间的重要应用是精确的地理定位，例如使用 UWB 技术能够提供三维地理定位信息。该系统由无线 UWB 塔标和无线 UWB 移动漫游器组成。其基本原理是通过无线 UWB 漫游器和无线 UWB 塔标间的包突发传送而完成航程时间测量，再经往返（或循环）时间的测量值的对比和分析，得到目标的精确定位。此系统使用的是 2.5ns 宽的 UWB 脉冲信号，其峰值功率为 4W，工作频带范围为 1.3～1.7GHz，相对带宽为 27%，符合 FCC 对 UWB 信号的定义。如果使用小型全向垂直极化天线或小型圆极化天线，其视距通信范围可超过 2km。在建筑物内部，由于墙壁和障碍物对信号的衰减作用，系统通信距离被限制在约 100m 以内。UWB 地理定位系统最初应用于军事领域，其目的是战士在城市环境条件下能够以 0.3m 的分辨率来测定自身所在的位置。其主要商业用途之一为路旁信息服务系统，它能够提供突发且高达 100Mb/s 的信息服务，其信息内容包括路况信息、建筑物信息、天气预报和行驶建议，还可以用于紧急援助事件的通信。

③ 民用方面。

UWB 也适用于短距离数字化的音视频无线连接、短距离宽带高速无线接入等相关民用领域。

UWB 第二个重要应用领域是家庭数字娱乐中心。在过去几年里，家庭电子消费产品层出不穷。PC、DVD、DVR、数码相机、数码摄像机、HDTV、PDA、数字机顶盒、MD、MP3、智能家电等出现在普通家庭里。家庭数字娱乐中心的概念是：将来住宅中的 PC、娱乐设备、智能家电和互联网都连接在一起，可以在任何地方使用它们。

采用 UWB 技术的凯思特单反无线联机拍摄套件如图 6-3-1 所示。

图 6-3-1　采用 UWB 技术的凯思特单反无线联机拍摄套件

2．NFC

1）简介

近场通信（Near Field Communication，NFC），又称近距离无线通信，是一种短距离的高频无线通信技术，允许电子设备之间（在 10cm 内）进行非接触式点对点数据传输，交换数据。这个技术由免接触式射频识别（RFID）演变而来，并向下兼容 RFID，最早由 Sony 和 Philips 各自开发成功，主要为手机等手持设备提供 M2M（Machine to Machine）的通信。由于近场通信具有天然的安全性，因此，NFC 技术被认为在手机支付等领域具有很大的应用前景。NFC 芯片具有相互通信功能，并具有计算能力，在 Felica 标准中还含有加密逻辑电路，MIFARE 的后期标准也追加了加密/解密模块（SAM）。

2）工作模式

卡模式（Card Emulation）：这个模式其实就是一张采用 RFID 技术的 IC 卡。可以替代大量的 IC 卡（包括信用卡）。此种方式，有一个极大的优点，那就是卡片通过非接触式读卡器的 RF 域来供电，即便是寄主设备（如手机）没电也可以工作。

点对点模式（P2P Mode）：这个模式和红外线差不多，可用于数据交换，只是传输距离较短，传输创建速度较快，传输速率高，功耗低（蓝牙也类似）。将两个具备 NFC 功能的设备连接，能实现数据点对点传输，如下载音乐、交换图片或同步设备地址薄。因此通过 NFC，多个设备如数码相机、PDA、计算机和手机之间都可以交换资料或服务。

3）NFC 技术原理

支持 NFC 的设备可以在主动或被动模式下交换数据。在被动模式下，启动 NFC 通信的设备，也称 NFC 发起设备（主设备），在整个通信过程中提供射频场（RF-field）。它可以选择 106Kb/s、212Kb/s 或 424Kb/s 其中一种传输速率，将数据发送到另一台设备。另一台设备称为 NFC 目标设备（从设备），不必产生射频场，而使用负载调制（Load Modulation）技术，即可以相同的速度将数据传回发起设备。此通信机制与基于 ISO14443A、MIFARE 和 FeliCa 的非接触式智能卡兼容，因此，NFC 发起设备在被动模式下，可以用相同的连接和初始化过程检测非接触式智能卡或 NFC 目标设备，并与之建立联系。

4）NFC 的应用

① 企业中的应用。

各种有意使用智能手机作为下一代门禁卡的机构正在对 NFC 进行技术测试，这是一种理想的企业应用。在 2011 年秋，黑莓手机制造商 RIM 和安全门禁卡、读卡器提供商 HID Global 宣布，RIM 的一部分新黑莓手机将配备 HID Global 的 iCLASS 数字证书。配置 NFC 的黑莓 Bold 和 Curve 型号的手机都能兼容 HID Global 的 iCLASS 读卡器，这些读卡器被广泛用于建筑门禁系统、学生 ID 读卡器、追踪员工签到和出勤。

员工还可以利用 NFC 智能手机和其他设备进入员工停车场或食堂并支付费用。NFC 标签可以被放置在会议室内部，与会者就可以在标签前挥动自己的兼容手机使其静音或打开 Wi-Fi。

② 政府部门的应用。

政府还可以利用 NFC 来改善公共服务、提高运输系统效率。一些城市和郊区已经开始使用 NFC 为居民提供更好的服务和改善生活质量。NFC 技术的出现让用户可以用智能手机或移动设备支付车费、进入停车场及支付费用、进入游泳池或图书馆等公共设施。

法国移动非接触式协会（AFSCM）在 NFC 服务方面处于领先地位。据该组织称，法国是欧洲 NFC 手机用户最多的国家之一。AFCSM 预计，到 2012 年年底有 250 万法国公民使用 NFC 设备。法国的"Cityzi"服务使该国某些地方的用户可以通过快速扫描手机进入火车站，还可以在随处可见的 NFC 标签上挥动设备获取地图、产品信息或服务（图 6-3-2）。旧金山市有约 3 万个 NFC 兼容的停车计时器。澳大利亚悉尼使用 NFC 标签来引导岩石区的游客。

图 6-3-2　NFC 在政府部门中的应用

③ 零售购物体验。

NFC 可以通过结合无线优惠券、会员卡和支付选择扩展和提升现代购物体验。消费者可以用个人应用程序扫描产品货架上的 NFC 标签，获得关于该产品更加个性化的信息。举个例子，如果你对坚果过敏，通过扫描产品，你的 NFC 设备能自动检测出该产品是否含有坚果并进行提醒。通过触碰 NFC 标签来获得信息、增加到购物篮、获得优惠券和其他新的用途将对零售业产生越来越大的影响。

关于 NFC 改变购物体验的一个奇特例子来自广告公司 Razorfish 的"数字口香糖机"。用户向里边投进硬币并用 NFC 兼容设备对它挥动一下，就能选择各种数字产品，包括歌曲下载、电影、电子书和用于特定场所的优惠券（图 6-3-3）。

④ 市场营销。

NFC 技术对于现代市场营销商有着深远的影响。例如，用户用 NFC 手机在 NFC 海报、广告、广告牌或电影海报上挥一挥就可以立即获得产品或服务的信息（图 6-3-4）。

图 6-3-3　零售购物体验　　　　　　　　图 6-3-4　NFC 技术用于市场营销

商家可以把 NFC 标签放在店门口，那么用户就可以自动登录 Foursquare 或 Facebook 等社交网络，和朋友分享细节或好东西。比利时的 Walibi 游乐园推出了首个 NFC 系统，名为"Walibi Connect"，用户可以扫描 NFC 腕带来自动发送或更新喜欢的活动和景点到 Facebook 网页。在食品服务方面，酒吧和餐馆可以从一家名为 RadipNFC 的公司订购 NFC 杯垫和其他促销材料，让顾客可以扫描它们获得该店或广告商的更多信息。

⑤ 设备之间共享。

NFC 还可以作为一种短程技术，当几部设备离得非常近的时候，文件和其他内容就可以在这些设备中传递（图 6-3-5）。这项功能对于需要协作的场所非常有用，如需要分享文件或多个玩家进行游戏的时候。

图 6-3-5　设备之间共享

三星推出了一款具有 NFC 功能的手机，具有一个名为 Android Beam 的功能，其他一些新出现的 NFC 安卓手机也具有该功能。它可以通过 NFC 在几部兼容设备间传递数据。一款安卓虚拟扑克游戏 Zynga 就是利用基于 NFC 的 Android Beam 功能让用户将智能手机或设备互相接触，实行多玩家在线游戏。

⑥ 安防领域应用。

近距离无线通信（NFC）是一项适用于门禁系统的技术，这种近距离无线通信标准能够在几厘米的距离内实现设备间的数据交换（图6-3-6）。NFC 还完全符合管理非接触式智能卡的 ISO 标准，这是其成为理想平台的一大显著特点。通过使用配备 NFC 技术的手机携带便携式身份凭证卡，然后以无线方式由读卡器读取，用户在读卡器前出示手机即可开门。

图 6-3-6　NFC 在安防领域中的应用

NFC 虚拟凭证卡的最简单模式就是复制现行卡片内的门禁原则。手机将身份信息传递给读卡器，后者又传送给现有的门禁系统，最后打开门。这样，无须使用钥匙或智能卡，就可提供更安全、更便携的方式来配置、监控和修改凭证卡安全参数，不仅消除了凭证卡被复制的风险，而且还可在必要时临时分发凭证卡，若丢失或被盗也可取消凭证卡。

3. GPRS

1）简介

GPRS（General Packet Radio Service，通用分组无线服务）是 GSM 移动电话用户可用的一种移动数据业务，属于第二代移动通信中的数据传输技术。GPRS 可以说是 GSM 的延续。GPRS 和以往连续在频道传输的方式不同，以封包（Packet）方式来传输，因此使用者所负担的费用以其传输资料单位计算，并非使用其整个频道，理论上较为便宜。GPRS 的传输速率可提升至 56～114Kb/s。

2）GPRS 协议栈

GPRS 协议规程体现了无线和网络相结合的特征。其中既包含类似局域网技术中的逻辑链路控制（LLC）子层和媒介访问控制（MAC）子层，又包含 RLC 和 BSSGP 等新引入的特定规程，并且各种网络单元所包含的协议层次也有所不同，如 PCU 中规程体系与无线接入相关，GGSN 中规程体系完全与数据应用相关，而 SGSN 规程体系则涉及两方面，它既要连接 PCU 进行无线系统和用户管理，又要连接 GGSN 进行数据单元的传送。SGSN 的 PCU 侧的 Gb 接口采用帧中继规程，GGSN 侧的 Gn 接口则采用 TCP/IP 规程，SGSN 中协议低层部分，如 NS 和 BSSGP 层与无线管理相关，高层部分，如 LLC 和 SNDCP 则与数据管理相关。

由 GPRS 系统的端到端之间的应用协议结构可知，GPRS 网络是存在于应用层之下的承载网络，它用于承载 IP 或 X.25 等数据业务。由于 GPRS 本身采用 IP 数据网络结构，所以基于 GPRS 网络的 IP 应用规程结构可理解为两层 IP 结构，即应用级的 IP 及采用 IP 的 GPRS 系统本身。

GPRS 分为传输面和控制面两方面。传输面为提供用户信息传送及其相关信息传送控制过程（如流量控制、错误检测和恢复等）的分层规程。控制面则包括控制和支持用户面功能的规程，如分组域网络接入连接控制（附着与去激活过程）、网络接入连接特性（PDP 上下文激活和去激活）、网络接入连接的路由选择（用户移动性支持）、网络资源的设定控制等。

3）特点

数据传输速率 10 倍于 GSM，还可以稳定地传送大容量的高质量音频与视频文件。由于建立新的连接几乎无须任何时间（即无须为每次数据的访问建立呼叫连接），因而随时都可与网络保持联系，举个例子，若无 GPRS 的支持，当用户正在网上漫游，而此时恰有电话接入，大部分情况下不得不断线后接通来电，通话完毕后重新拨号上网。这对大多数人来说，的确是件非常令人恼火的事。而有了 GPRS，就能轻而易举地解决这个冲突。根据传输的数据量来计费，而不是按上网时间计费，只要不进行数据传输，哪怕一直"在线"，也无须付费。做个"打电话"的比方，在使用 GSM+WAP 手机上网时，就好比电话接通便开始计费；而使用 GPRS+WAP 上网则要合理得多，就像电话接通并不收费，只有对话时才计算费用。总之，它真正体现了少用少付费的原则。

4）GPRS 的应用

① WAP 应用。

GPRS 与 WAP 组合是当前令"手机上网"迈上新台阶的最佳实施方案：GPRS 是强大的底层传输，WAP 则作为高层应用，如果把 WAP 比作飞驰的车辆，那么 GPRS 就是宽阔畅通的高速公路，任用户在无线的信息世界中随意驰骋。

② 设备上的应用。

GPRS 可以在除蜂窝电话之外的多种设备中得以实现，包括笔记本电脑的 PCMCIA 调制解调器、个人数字助理的扩展模块。当前流行的手提式 E-mail 设备 BlackBerry（黑莓）的制造商 Research in Motion（RIM）与一个称为 Microcell Telecommunications 的 GSM 供应商合作，研究如何将 GPRS 用于其他无线系统消息的传送。

③ 办公应用。

GSM 系统的分组移动数据通信（即 GPRS）是基本分组无线业务，采用分组交换的方式，数据速率最高可达 164Kb/s。它可以给 GSM 用户提供移动环境下的高速数据业务，还可以提供收发 E-mail、Internet 浏览等功能。

随着带宽的增加，移动办公越来越受到青睐。移动办公使得办公人员可以随时随地与单位的信息系统保持联系，完成办公功能，包括移动办公、移动警务执法、移动商务等，极大地提高了办事和执法的效率。

④ 个人应用。

GPRS 是一种新的 GSM 数据业务，它可以给移动用户提供无线分组数据接入业务。

GPRS 采用分组交换技术，它可以让多个用户共享某些固定的信道资源。如果把空中接口上的 TDMA 帧中的 8 个时隙都用来传送数据，那么数据速率最高可达 164Kb/s。GSM 空中接口的信道资源既可以被语音占用，也可以被 GPRS 数据业务占用。当然在信道充足的条件下，可以把一些信道定义为 GPRS 专用信道。

要实现 GPRS 网络，需要在传统的 GSM 网络中引入新的网络接口和通信协议。目前 GPRS 网络引入 GSN（GPRS Surporting Node）节点。移动台则必须是 GPRS 移动台或 GPRS/GSM 双模移动台。

4．Z-Wave

1）简介

Z-Wave 是一种新兴的基于射频的、低成本、低功耗、高可靠、适合于网络的短距离无线通信技术。工作频带为 908.42MHz（美国）、868.42MHz（欧洲），采用 FSK（BFSK/GFSK）调制方式，数据传输速率为 9.6Kb/s，信号的有效覆盖范围在室内是 30m，室外可超过 100m，适合于窄宽带应用场合。随着通信距离的增大，设备的复杂度、功耗及系统成本都在增加，相对于现有的各种无线通信技术，Z-Wave 技术将是最低功耗和最低成本的技术，有力地推动着低速率无线个人区域网的发展。

Z-Wave 技术设计用于住宅、照明商业控制及状态读取应用，例如抄表、照明及家电控制、HVAC、接入控制、防盗及火灾检测等。Z-Wave 可将任何独立的设备转换为智能网络设备，从而可以实现控制和无线监测。Z-Wave 技术在最初设计时，就定位于智能家居无线控制领域，采用小数据格式传输，40Kb/s 的传输速率足以应对，早期甚至使用 9.6Kb/s 的速率传输。与同类的其他无线技术相比，拥有相对较低的传输速率、相对较远的传输距离和一定的价格优势。

Z-Wave 技术专门针对窄带应用并采用创新的软件解决方案取代成本高的硬件，因此只需花费其他类似技术的一小部分成本就可以组建高质量的无线网络。

2）网络结构

每一个 Z-Wave 网络都拥有自己独立的网络地址（HomeID），网络内每个节点的地址（NodeID）由控制节点（Controller）分配。每个网络最多容纳 232 个节点（Slave），包括控制节点在内。控制节点可以有多个，但只有一个主控制节点，即所有网络内节点的分配都由主控制节点负责，其他控制节点只是转发主控制节点的命令。已入网的普通节点，所有控制节点都可以控制。超出通信距离的节点，可以通过控制器与受控节点之间的其他节点以路由（Routing）的方式完成控制。

3）路由技术

Z-Wave 采用了动态路由技术，每个 Slave 内部都存有一个路由表，该路由表由 Controller 写入。存储信息为该 Slave 入网时，周边存在的其他 Slave 的 NodeID。这样每个 Slave 都知道周围有哪些 Slave，而 Controller 存储了所有 Slave 的路由信息。当 Controller 与受控 Slave 的距离超出最大控制距离时，Controller 会调用最后一次正确控制该 Slave 的路径发送命令，如该路径失败，则从第一个 Slave 开始重新检索新的路径。

4）Z-Wave 的应用

三室一厅房间的 Z-Wave 系统解决方案：由 3 个嵌入式照明控制器，3 个墙壁开关，一个全功能红外遥控器，一个触摸控制屏构成主系统；嵌入式情景控制器、手持式情景控制器为功能扩展模块。其中全功能红外遥控器与触摸控制屏为 Controller，嵌入式照明控制器、嵌入式情景控制器及手持式情景控制器均为 Slave。

鉴于该系统中所有设备均使用了路由技术，安装时只保证每两个嵌入式设备之间的距离小于最远通信距离即可。安装完成后，通过 HRPZ 全功能红外遥控器先将所有设备入网，待触摸控制屏入网后，可同步更新所有入网设备至触摸控制屏中。

设备入网后，用户通过全功能遥控器及触摸控制屏都可以直观地看到家中所有 Z-Wave 入网电器的开关状态，并且可以方便地对其进行控制。如将触摸控制屏接入 Internet 网络，则可以利用 PDA、PC 等通过 Internet 远程控制家中的电器。

在配有 HRPZ 全功能遥控器的系统中，用户可以更加方便地实现远程控制。嵌入式情景控制器及手持式情景控制器可通过触摸控制屏或配套的 PC 软件设置会议、影视等多种情景，通过一键操作来完成一系列组合功能的控制。

6.4 基于 GPRS 技术实现数据通信任务

基于 GPRS 模块的 TCP/IP 通信应用，采用一块 GPRS 通信模块、一张未停机的并开通 GPRS 功能的中国移动或中国联通 SIM 卡，能通过串口调试助手发送 AT 指令实现拨打电话和发送短信的任务。

本任务主要实现 GPRS 模块与手机之间的通信应用，使读者了解 GPRS 的 TCP/IP 通信是如何实现的。

建议读者带着以下问题进行本项任务的学习和实践：
- GPRS 模块如何通信？
- 什么是 TCP/IP 通信？
- 什么是 AT 指令？
- 如何使用 AT 指令发送数据？

1. 什么是 TCP/IP 通信

1）TCP/IP 简介

TCP/IP 是 Transmission Control Protocol/Internet Protocol 的简写，中译名为传输控制协议/因特网互联协议，又名网络通信协议，是 Internet 最基本的协议、Internet 的基础，由网络层的 IP 和传输层的 TCP 组成。众所周知，如今上网都要进行 TCP/IP 设置，显然该协议成了当今地球村"人与人"之间的"牵手协议"。

2）TCP/IP 主要特点

TCP/IP 定义了电子设备如何接入 Internet，以及数据如何在它们之间传输的标准。通俗地说，TCP 负责发现传输的问题，而 IP 是给 Internet 的每一台连网设备规定一个地址。此协议的主要特点有以下几个：

- TCP/IP 不依赖于任何特定的计算机硬件或操作系统，提供开放的协议标准，即使不考虑 Internet，TCP/IP 也获得了广泛的支持。
- TCP/IP 并不依赖于特定的网络传输硬件，所以 TCP/IP 能够集成各种各样的网络。
- 统一的网络地址分配方案，使得整个 TCP/IP 设备在网络中都具有唯一的地址。
- 标准化的高层协议，可以提供多种可靠的用户服务。

2．AT 指令

AT 即 Attention，AT 指令集是从终端设备（Terminal Equipment，TE）或数据终端设备（Data Terminal Equipment，DTE）向终端适配器（Terminal Adapter，TA）或数据电路终端设备（Data Circuit Terminal Equipment，DCE）发送的。通过 TA、TE 发送 AT 指令来控制移动台（Mobile Station，MS）的功能，与 GSM 网络业务进行交互。用户可以通过 AT 指令进行呼叫、短信、电话本、数据业务、传真等方面的控制。

AT 指令是以 AT 开头、回车（<CR>）结尾的特定字符串，AT 后面紧跟的字母和数字表明 AT 指令的具体功能。几乎所有的 AT 指令（除了"A/"及"+++"两个指令外）都以一个特定的命令前缀开始，以一个命令结束标志符结束。模块的响应通常紧随其后，格式为：<回车><换行><响应内容><回车><换行>。

3．拨打与接听电话指令

1）ATE1

该指令用于设置回显，即模块将收到的指令完整地返回给发送设备，方便调试。

2）ATD

该指令用于拨打任意电话号码，格式为 ATD+号码+;，末尾的";"一定要加上，否则不能成功拨号，如发送 ATD10086;，即可实现拨打 10086。

3）ATA

该指令用于应答电话，当收到来电的时候，给模块发送 ATA，即可接听来电。

4）ATH

该指令用于挂断电话，要想结束正在进行的通话，给模块发送 ATH，即可挂断。

5）AT+COLP

该指令用于设置被叫号码显示，通过发送 AT+COLP=1，开启被叫号码显示，当成功拨通的时候（被叫接听电话），模块会返回被叫号码。

6）AT+CLIP

该指令用于设置来电显示，通过发送 AT+CLIP=1，可以设置来电显示功能，模块接收到来电的时候会返回来电号码。

7）AT+VTS

该指令产生 DTMF 音，只有在通话进行中才有效，比如在拨打 10086 查询的时候，可以通过发送 AT+VTS=1，模拟发送按键 1。发送给模块的指令，如果执行成功，则会返回对应信息和 OK，如果执行失败/指令无效，则会返回 ERROR。

需要注意：所有的指令都必须以 ASCII 编码字符格式发送，不要在指令里面夹杂中文符号。同时，很多指令都带有查询或提示功能，可以通过指令+"？"来查询当前设置，通过指令+"=?"的方式来获取设置提示。

4．短信的读取与发送指令

1）AT+CNMI

该指令用于设置新消息指示。发送 AT+CNMI=2,1，设置新消息提示，当收到新消息，且 SIM 卡未满的时候，SIM900A 模块会返回数据给串口，如 +CMTI: "SM",2，表示收到新消息，存储在 SIM 卡的位置 2。

2）AT+CMGF

该指令用于设置短消息模式，GPRS 模块支持 PDU 模式和文本（TEXT）模式这 2 种模式，发送 AT+CMGF=1，即可设置为文本模式。

3）AT+CSCS

该指令用于设置 TE 字符集，默认为 GSM 7 位默认字符集，在发送纯英文短信的时候，发送 AT+CSCS="GSM"，设置为默认字符集即可。在发送中英文短信的时候，需要发送 AT+CSCS="UCS2"，设置为 16 位通用 8 字节倍数编码字符集。

4）AT+CSMP

该指令用于设置短消息文本模式参数，在使用 UCS2 方式发送中文短信的时候，需要发送 AT+CSMP=17,167,2,25 来设置文本模式参数。

5）AT+CMGR

该指令用于读取短信，比如发送 AT+CMGR=1，可以读取 SIM 卡存储在位置 1 的短信。

6）AT+CMGS

该指令用于发送短信，在 GSM 字符集下，最大可以发送 180 字节的英文字符，在 UCS2 字符集下，最大可以发送 70 个汉字（包括字符/数字）。

7）AT+CPMS

该指令用于查询/设置优选消息存储器，通过发送 AT+CPMS?，可以查询当前 SIM 卡最大支持多少条短信存储，以及当前存储了多少条短信等信息。如返回 +CPMS:"SM",1,50,"SM",1,50,"SM",1,50，表示当前 SIM 卡最多存储 50 条信息，目前已经有 1 条存储的信息。

5．GPRS 通信指令

1）AT+CGCLASS

该指令用于设置 GPRS 移动类别工作，若不支持要求的类别，则返回 ERROR。发送 AT+CGCLASS="B"，设置移动类别为 B。

2）AT+CGDCONT

该指令用于设置 PDP 上下文，发送 AT+CGDCONT=1, "IP", "CMNET"，设置 PDP 上下文标志位 1，采用互联网协议（IP），接入点为 CMNET。

3）AT+CGATT

该指令用于设置附着和分离 GPRS 业务。发送 AT+CGATT=1，附着 GPRS 业务，发送 AT+CGATT=0，分离 GPRS 业务。

4）AT+MIPCALL

该指令用于建立与关闭 GPRS 无线连接。发送 AT+MIPCALL=1，"CMNET"，表示建立 GPRS 无线连接，建立成功后，会获得动态 IP。发送 AT+MIPCALL=0，表示关闭 GPRS 连接。

5）AT+MIPOPEN

该指令用于建立 TCP 连接或 UDP 连接，其格式为 AT+MIPOPEN=Socket_ID,Source_Port, Remote_IP,Remote_Port,Protocol。

发送 AT+MIPOPEN=1,,24.43.33.107,8088,0，用于开启一个 Socket，建立 TCP 连接。若 Protocol 为 1，则为 UDP 连接。

6）AT+MINSEND

该指令用于发送数据，其格式为 AT+MIPSEND=Socket_ID,Data，其中 Data 为十六进制数据格式。发送 AT+MIPSEND=1,1216546121，表示发送 1216546121 的十六进制数据。

1. 硬件环境搭建

第一步，搭建 GPRS 模块与 PC 串口通信电路，如图 6-4-1 和图 6-4-2 所示。

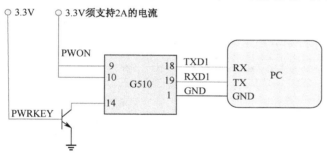

图 6-4-1　GPRS 模块连接图

图 6-4-2　实物模块连接图

注意这里 G510 串口输出的是 TTL 电平，PC 串口是 232 电平，所以这里需要将 PC 的 232 电平转换成 TTL 电平才行。

第二步，选择 GPRS 模块外接 5V 电源，输出电流要求大于 2A。

GPRS 传输数据时，最大电流可以达到 90mA，故给模块选择电源的时候，要能满足瞬间电流峰值。

第三步，给 GPRS 模块 SIM 卡槽中插入手机卡。

将准备好的 SIM 卡插入 GPRS 模块 SIM 卡槽，要求手机卡未停机并开通 GPRS 功能，否则不能测试 GPRS 功能。

2. 启动 GPRS 模块

第一步，给 GPRS 模块外接入 5V 电源，输出电流要求大于 2A。

第二步，将 PWON 接高电平。

第三步，将 PWRKEY 接高电平，启动 G510 芯片。当 G510 芯片的第 14 脚（POWER_ON）有信号为低电平并且持续超过 800ms 时，模块将开机。

3．拨打电话

打开串口调试助手 sscom33.exe，选择正确的 COM 号，然后设置波特率的值为 115200，勾选"发送新行"，然后单击"发送"按钮，返回"OK"，说明此模块工作正常，如图 6-4-3 所示。

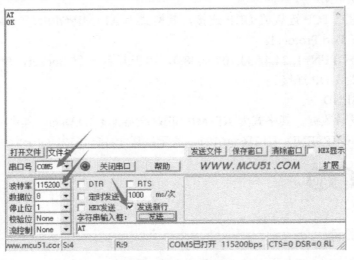

图 6-4-3　测试 AT 指令

如 ATD10086，用于拨打 10086。或者 ATD1384125xxxx;，用于拨打手机 1384125xxxx。通过发送 ATH 来挂断，结束本次通话，如图 6-4-4 所示。

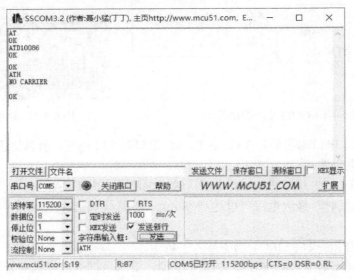

图 6-4-4　拨打电话指令

至此，我们就完成了一次拨号、结束通话的操作。由于 GPRS 模块没有设计语音电路，无法展现拨打电话的音效，但是能实现拨打电话的功能。

4．发送短信

第一步，发送 AT+CSCS="GSM"，设置"GSM"字符集（GSM 只能发英文短信）。

第二步，发送 AT+CMGF=1，设置文本模式。

第三步，发送 AT+CMGS="14400008888"，然后模块返回 ">"。

AT 指令说明：14400008888 为短信发送的对方手机号码。

第四步，再输入需要发送的内容：NEWLab2016 MSG SEND TEST。注意，此处不用发送回车。

第五步，发送十六进制数 1A（即 0X1A，将 "HEX 发送"选中，不用添加回车）。具体过程如图 6-4-5 所示。

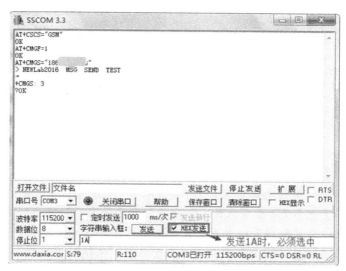

图 6-4-5　GPRS 模块发送英文短信

注意：0X1A，即 Ctrl+Z 的键值，用于告诉 GPRS 模块，要执行发送操作。另外还可以发送 0X1B，即 Esc 的键值，用于告诉 SIM900A，取消本次操作，不执行发送。

稍等片刻，在短信成功发送后，模块返回+CMGS:3，这是确认信息，表示短信成功发送，手机上的短信如图 6-4-6 所示。

图 6-4-6　手机上的短信

利用汉字与 Unicode 码转换工具实现发送与查看中文短信的功能。

第7章　无线传感网络综合案例开发

本章简介

本章的主要内容是讲解传感器和无线传感网络的综合应用开发，主要由"案例场景介绍""无线 ZigBee 传感网开发""蓝牙系统开发"和"综合场景实现"四个任务构成。任务 1 是对综合场景的介绍，让读者了解场景的要求及开发思路。任务 2 用来复习 ZigBee 通信基础知识。任务 3 用来回顾蓝牙通信基础知识。任务 4 建立智慧家庭系统的整体架构。通过这四个任务，可使读者对传感器和无线传感网络的开发与使用有一个综合的认识。

章节目标

● 理解通信协议的概念和特点。
● 了解蓝牙通信技术的应用。
● 了解 ZigBee 通信技术的应用。

章节任务

7.1　案例场景介绍

本节将结合前面的内容，开发一个智慧家庭监测系统，该系统综合应用传感器技术、无线传感网络技术、蓝牙、Wi-Fi、嵌入式等技术，实现环境智能监控和远程灯光控制功能。系统功能具体要求如下：

- ZigBee 通信系统主要用于采集光照度与温湿度情况，然后将数据整理打包通过 ZigBee 信号发送给网关，网关通过 Wi-Fi 方式将数据发送给 PC，PC 显示光照度与温湿度情况。
- 蓝牙通信系统主要负责采集人体情况，然后将数据整理打包通过蓝牙技术发送给网关，网关通过 Wi-Fi 方式将数据上传给 PC，PC 显示人员情况。
- PC 可以向网关发送控制指令，从而控制风扇运行。

PC 上显示的效果如图 7-1-1 所示。

图 7-1-1　PC 上显示的效果

1．场景构思

这里我们需要根据上述的智慧家庭要求，设计整个系统的硬件拓扑图，如图 7-1-2 所示。

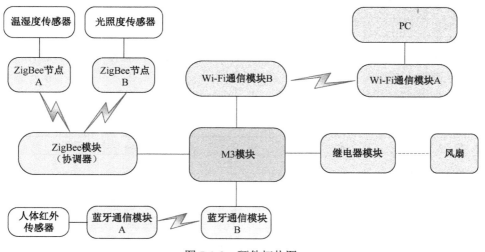

图 7-1-2　硬件拓扑图

这里我们可以选用两个 ZigBee 节点模块，分别接温湿度传感器与光照度传感器。再选用一个 ZigBee 模块当作协调器，用于接收两个 ZigBee 节点模块发送过来的数据，协调器收到数据后判断是否为正确数据，然后将正确的数据整理打包通过串口发给网关（网关采用 M3 模块）。M3 模块使用串口将采集到的 ZigBee 数据发送给 Wi-Fi 通信模块 B，Wi-Fi 通信模块 B 与 Wi-Fi 通信模块 A 进行 Wi-Fi 通信，Wi-Fi 通信模块 A 收到数据后通过串口将数据上传至 PC。PC 通过串口助手软件显示 Wi-Fi 通信模块 A 上传的数据。

对于蓝牙通信系统这个环节，可以挑选两个蓝牙通信模块，分别是蓝牙通信模块 A 和蓝牙通信模块 B，蓝牙通信模块 A 连接人体红外传感器，用于采集人体情况后，通过蓝牙信号发送给蓝牙通信模块 B，蓝牙通信模块 B 收到信号后，将数据发送给 M3 模块。M3 模块将数据发送给 Wi-Fi 通信模块 B，Wi-Fi 通信模块 B 与 Wi-Fi 通信模块 A 通信，Wi-Fi 通信模块 A 收到数据后通过串口将数据上传至 PC。PC 通过串口助手软件显示 Wi-Fi 通信模块 A 上传的数据。

PC 远程控制风扇，可以使用 PC 上的串口助手软件，发送 ASCII 码 1 和 0 指令给 Wi-Fi 通信模块 A，Wi-Fi 通信模块 A 通过 Wi-Fi 信号将指令发送给 Wi-Fi 通信模块 B，Wi-Fi 通信模块 B 将指令通过串口发送给 M3 模块，M3 模块收到指令后，根据指令控制继电器驱动风扇运转。

2. 系统硬件设计

本实验要用到的设备见表 7-1-1。

表 7-1-1　设备清单表

序　号	设 备 名 称	数　量	设 备 说 明
1	温湿度传感器	1	传感器型号为 SHT10
2	光照度传感器	1	传感器型号为 5528
3	人体红外传感器	1	传感器型号为 IMC-S7801
4	ZigBee 通信模块	3	芯片型号为 CC2530
5	Wi-Fi 通信模块	2	芯片型号为 ESP8266
6	蓝牙通信模块	2	芯片型号为 CC2540
7	M3 模块	1	芯片型号为 STM32F103VE
8	继电器模块	1	型号为 SRD-05VDC
9	风扇	1	工作电压为 12V

由于实验主机只有一个串口，所以实验主机上的模块同时只能有一个设备使用串口，否则会造成互相干扰。

所以，这里我们要设计一下通信方式，表 7-1-2 为各模块之间的连线方式。

表 7-1-2　各模块之间的连线方式

模　块　名	M3　模　块	ZigBee 模块（协调器）
ZigBee 通信模块	PB10	P1.7
	PB11	P1.6
模　块　名	M3　模　块	蓝牙通信通信 B
蓝牙通信模块	PA4	P1.0
	GND	GND

续表

模　块　名	M3 模　块	Wi-Fi 通信模块 B
Wi-Fi 通信模块	PA2	RX
	PA3	TX

模　块　名	M3 模　块	继电器模块
风扇	PA5	IN

ZigBee 协调器的数据传送给 M3 模块只能通过有线的方式进行，因为 M3 模块自身不带 ZigBee 通信功能，由于 ZigBee 模块本身有两个串口——串口 0 和串口 1，这里我们使用串口 1（P1.6 和 P1.7 引脚）与 M3 模块（PB10 和 PB11 引脚）进行通信。

蓝牙通信模块只采集人体情况，所以只要用 1 个引脚（P1.0）传输数据给 M3 模块 PA4 即可，无须采用串口的方式发送数据。

M3 与 Wi-Fi 通信模块可以采用串口的方式进行通信，这样不使用 M3 与实验主机相连的串口，使用其他的串口号（PA2 和 PA3）与 Wi-Fi 通信模块的（RX 和 TX）通信。

3．通信协议设计

通信协议是指双方实体完成通信或服务所必须遵循的规则和约定。通过通信信道和设备连接起来的多个不同地理位置的数据通信系统，要使其能协同工作实现信息交换和资源共享，它们之间必须具有共同的语言。交流什么、怎样交流及何时交流，都必须遵循某种互相都能接受的规则，这个规则就是通信协议。

1）ZigBee 通信协议

由于 ZigBee 协调器收到数据后，要通过串口 1 将数据传送给 M3 模块，所以这里需要约定模块之间的通信协议。

协调器收到传感器数值后发送给 M3 模块的数据格式如下：

****

HEAD + LEN + CMD0 + CMD1 + ADRL + ADRH + DTYPEL + DTYPEH + DLEN + REV + [SDATA] + CHK

****

HEAD：数据头，固定为 0xfe。

LEN：数据包长度，ADRL 开始到 CHK 前一字节的字节数。

CMD0：命令类型，固定为 0x46。

CMD1：命令类型，固定为 0x87。

ADRL：传输信息源节点的短地址低 8 位。

ADRH：传输信息源节点的短地址高 8 位。

DTYPEL：数据类型低位，固定为 0x02。

DTYPEH：数据类型高位，固定为 0x00。

DLEN：[SDATA]的长度。

REV：保留，固定为 0x00。

SDATA：传感器发送的数据包，多字节，格式如下。

```
INTEMP + INVOL + PARADRL+ PARADRH + [SENSORDATA]
```

INTEMP：内部温度，保留，固定为 0x00。

INVOL：内部电压，保留，固定为 0x00。

PARADRL：父节点短地址低字节，保留，固定为 0x00。

PARADRH：父节点短地址高字节，保留，固定为 0x00。

SENSORDATA：传感数据，多字节，允许没有，具体后面定义。

CHK：校验码，从 LEN 开始到 CHK 前一字节的所有字节依次按字节异或的值。

[SENSORDATA]传感数据的格式：

```
LGTYPE+ SORL + SORH+STYPE+SORDATA
```

LGTYPE：逻辑类型，01 表示路由，02 表示全功能节点，03 表示终端节点。

SORL：传感器编号低位，保留，固定为 0x00。

SORH：传感器编号高位，保留，固定为 0x00。

STYPE：传感器类型。

SORDATA：传感数值，多字节。

例如：协调器发送温湿度传感器的数值为

FE 12 46 87 16 4F 02 00 0C 00 00 00 00 00 02 00 00 01 00 00 00 00 87

说明：蓝色底纹 01 代表温湿度传感器

黄色底纹 00 00 代表温度数值

绿色底纹 00 00 代表湿度数值

2）蓝牙通信协议

由于蓝牙通信模块 B 收到数据后，要通过串口 P1.0 将数据传送给 M3 模块的 PA4，所以这里我们可以设计蓝牙与 M3 的通信协议为：

****

PA4 引脚：　　0 为无人，1 为有人。

****

3）风扇控制协议

由于风扇是通过 PC 串口助手发送指令给 M3 模块，从而让 M3 模块控制继电器驱动风扇运转，所以这里需要定义控制风扇运行的指令为：

****

串口助手软件发送：　　ASCII 码 0 为风扇不运转，ASCII 码 1 为风扇运转。

****

7.2 无线 ZigBee 传感网开发

任务要求

使用三个 ZigBee 模块，其中一个是 ZigBee 协调器，另外两个是 ZigBee 节点。两个 ZigBee 节点分别接光照度传感器与温湿度传感器。ZigBee 节点与 ZigBee 协调器进行 ZigBee 无线通信。ZigBee 终端节点实时采集模块数据发往协调器，协调器收到数据后判断是否为正确数据，然后将正确的数据整理打包通过串口发给 M3 模块，ZigBee 系统拓扑图如图 7-2-1 所示。

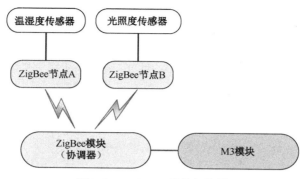

图 7-2-1　ZigBee 系统拓扑图

1. 组建 ZigBee 网络

1）修改 ZigBee 设备网络连接提示灯

将 ZigBee 模块上的连接灯设置为 ZigBee 网络连接成功后的状态提示灯，这样便于观察 ZigBee 模块是否组网成功。根据图 7-2-2 可知，连接灯接的是 ZigBee 模块的 P1.0 脚，LED 灯要点亮，需要让引脚输出高电平。

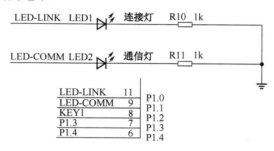

图 7-2-2　LED 灯连接图

安装 ZStack-CC2530-2.5.1a 协议栈。

打开工程：C:\Texas Instruments\ZStack-CC2530-2.5.1a\Projects\zstack\Utilities\SerialApp\CC2530DB\ SerialApp.eww。

如图 7-2-3 所示，双击 hal_board_cfg.h 文件，文件路径为 Target\CC2530EB\Config\，对下面几句代码进行修改。

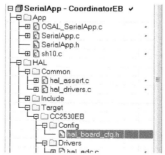

图 7-2-3　硬件配置

```
/* 1 - Green */                              //将P1_0改成P1_4
#define LED1_BV              BV(4)    //原本是BV(0)
#define LED1_SBIT            P1_4     //原本是P1_0
#define LED1_DDR             P1DIR
#define LED1_POLARITY        ACTIVE_HIGH


#if defined (HAL_BOARD_CC2530EB_REV17)
/* 2 - Red */
#define LED2_BV              BV(1)
#define LED2_SBIT            P1_1
#define LED2_DDR             P1DIR
#define LED2_POLARITY        ACTIVE_HIGH


/* 3 - Yellow */
/*由于LED3是ZigBee协议栈的连接指示灯，而本实验板没有该灯，所以要改成P1_0*/
#define LED3_BV              BV(0)    //原本是BV(4)
#define LED3_SBIT            P1_0     //原本是P1_4
#define LED3_DDR             P1DIR
#define LED3_POLARITY        ACTIVE_HIGH
#endif
```

由于协议栈的液晶屏引脚和 ZigBee 模块的 LED 灯引脚有冲突，所以需要关闭 LCD 功能。

```
#ifndef HAL_LCD
#define HAL_LCD FALSE        //原本为TRUE
#endif
```

2）修改 ZigBee 网络的网段

修改 ZigBee 网络的 channel 和 panid，防止与其他组号的 ZigBee 网络产生相互干扰。双击打开 Tools 目录下的 f8wConfig.cfg 文件，如图 7-2-4 所示。

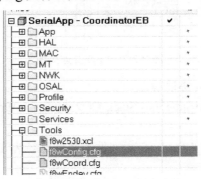

图 7-2-4　f8wConfig.cfg 文件

修改 channel 信道号，channel 信道号从 11 到 26 共 16 个信道供选择。

```
//-DDEFAULT_CHANLIST=0x04000000   // 26 - 0x1A
//-DDEFAULT_CHANLIST=0x02000000   // 25 - 0x19
//-DDEFAULT_CHANLIST=0x01000000   // 24 - 0x18
//-DDEFAULT_CHANLIST=0x00800000   // 23 - 0x17
//-DDEFAULT_CHANLIST=0x00400000   // 22 - 0x16
//-DDEFAULT_CHANLIST=0x00200000   // 21 - 0x15
//-DDEFAULT_CHANLIST=0x00100000   // 20 - 0x14
```

```
//-DDEFAULT_CHANLIST=0x00080000    // 19 - 0x13
//-DDEFAULT_CHANLIST=0x00040000    // 18 - 0x12
//-DDEFAULT_CHANLIST=0x00020000    // 17 - 0x11
//-DDEFAULT_CHANLIST=0x00010000    // 16 - 0x10
-DDEFAULT_CHANLIST=0x00008000      // 15 - 0x0F
//-DDEFAULT_CHANLIST=0x00004000    // 14 - 0x0E
//-DDEFAULT_CHANLIST=0x00002000    // 13 - 0x0D
//-DDEFAULT_CHANLIST=0x00001000    // 12 - 0x0C
//-DDEFAULT_CHANLIST=0x00000800    // 11 - 0x0B
```

修改 PANID 号，将 0x0001 改成需要的数值：

```
-DZDAPP_CONFIG_PAN_ID=0x0003
```

注意：3 块 ZigBee 模块的 channel 和 PANID 要一样，否则会无法组网。各组之间的 channel 和 PANID 要确保有一个跟其他组的不一样，否则会互相产生干扰。

3）创建 tem_sensor 工程

如图 7-2-5 所示，选择菜单栏中的 Project→Edit Configurations→New，在 Name 中输入 tem_sensor，在 Based on configuration 中选择 EndDeviceEB，单击 OK 按钮。

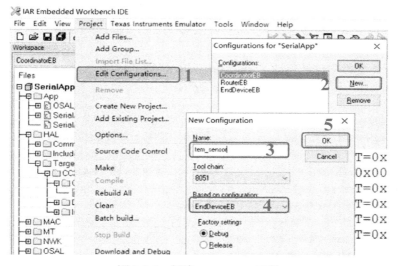

图 7-2-5　创建 tem_sensor 工程

使用上面同样的方式再创建一个 guangzhao_sensor 工程。

将本书配套资料中的温湿度传感器类库文件 sh10.c 和 sh10.h 复制到工程目录中的 Source 目录下，如图 7-2-6 所示。

名称	修改日期	类型
OSAL_SerialApp.c	2008/2/7 13:10	C Sourc
SerialApp.c	2009/3/29 10:51	C Sourc
SerialApp.h	2009/2/25 18:31	C/C++
sh10.c	2016/2/18 17:03	C Sourc
sh10.h	2016/2/16 14:43	C/C++

图 7-2-6　Source 目录

选择 tem_sensor 工程，将 sh10.c 文件添加到工程 App 目录下，如图 7-2-7 所示。

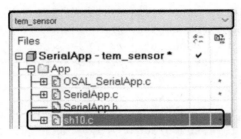

图 7-2-7 添加 sh10.c 文件

2. 编写模块之间的数据通信代码

1）编写传感器节点程序

在 SerialApp.c 文件中修改簇集合数组的代码。

```
const cId_t SerialApp_ClusterList[SERIALAPP_MAX_CLUSTERS] =
{
  SERIALAPP_CLUSTERID1,
  SERIALAPP_CLUSTERID2,
  SERIALAPP_CLUSTERID4,          //添加簇4，用于处理光照度信息
  SERIALAPP_CLUSTERID5          //添加簇5，用于处理温湿度信息
};
```

在 SerialApp.c 文件中继续修改 SerialApp_Init( )函数的代码。

```
void SerialApp_Init( uint8 task_id )
{
#ifdef GAS_SENSOR
  InitGasSensor();               //光照度传感器引脚初始化
#endif
#ifdef COORDINATOR               //给协调器添加串口初始化函数
  MT_UartInit();
  MT_UartRegisterTaskID( task_id );
#endif
  SerialApp_TaskID = task_id;
  SerialApp_RxSeq = 0xC3;
  afRegister( (endPointDesc_t *)&SerialApp_epDesc );
  RegisterForKeys( task_id );

  ZDO_RegisterForZDOMsg( SerialApp_TaskID, End_Device_Bind_rsp );
  ZDO_RegisterForZDOMsg( SerialApp_TaskID, Match_Desc_rsp );
}
```

在 MT_UART.h 文件中修改串口波特率的值为 115200。

```
#define MT_UART_DEFAULT_BAUDRATE          HAL_UART_BR_115200
```

在 SerialApp.c 文件中，修改 SerialApp_ProcessEvent( )函数的 SYS_EVENT_MSG 事件，添加下列代码。

```
      case ZDO_STATE_CHANGE:
          SerialApp_NwkState = (devStates_t)(MSGpkt->hdr.status);
          if ( (SerialApp_NwkState == DEV_ZB_COORD)
              || (SerialApp_NwkState == DEV_ROUTER)
              || (SerialApp_NwkState == DEV_END_DEVICE) )
```

```
                {
#if defined(ZDO_COORDINATOR)  //协调器通过串口输出自身短地址、IEEE
        Broadcast_DstAddr.addrMode = (afAddrMode_t)AddrBroadcast;
        Broadcast_DstAddr.endPoint = SERIALAPP_ENDPOINT;
        Broadcast_DstAddr.addr.shortAddr = 0xFFFF;
#else                               //终端无线发送短地址、IEEE
        AfSendAddrInfo();
#endif
#ifdef GAS_SENSOR             //光照度传感器节点加入网络后，启动周期事件，周期为4s
        osal_start_timerEx( SerialApp_TaskID,
                            SerialApp_SEND_PERIODIC_MSG_EVT,
                            4000 );
#endif
#ifdef TEM_SENSOR            //温湿度传感器节点加入网络后，启动周期事件，周期为4s
        osal_start_timerEx( SerialApp_TaskID,
                            SerialApp_SEND_PERIODIC_MSG_EVT,
                            4000 );
#endif
        }
        break;
```

添加周期发送数据事件。

```
    if ( events & SerialApp_SEND_PERIODIC_MSG_EVT )
    {
      SerialApp_Send_P2P_Message();
#ifdef GAS_SENSOR
      osal_start_timerEx( SerialApp_TaskID,
                          SerialApp_SEND_PERIODIC_MSG_EVT,
                          4000 );
#endif
#ifdef TEM_SENSOR
      osal_start_timerEx( SerialApp_TaskID,
                          SerialApp_SEND_PERIODIC_MSG_EVT,
                          4000 );
#endif
      return (events ^ SerialApp_SEND_PERIODIC_MSG_EVT);
    }
```

添加传感器节点发送数据代码。

```
void SerialApp_Send_P2P_Message( void )
{
  uint16 gas_v;
  uint8 gas_data[2];
  uint16 sensor_val ,sensor_tem;
  uint8 tem_data[4];
  SerialApp_TxPoint.addrMode = (afAddrMode_t)Addr16Bit;  //设置点对点发送
  SerialApp_TxPoint.endPoint = SERIALAPP_ENDPOINT;        //设置发送目的端点
  SerialApp_TxPoint.addr.shortAddr = 0x0000;             //设置发送给协调器

#ifdef GAS_SENSOR   //获取光照传感器数值，并发送
```

```
    gas_v=get_adc();   //取模拟电压
    gas_data[1] = (uint8 )(gas_v & 0x00FF);
    gas_data[0] = (uint8 )((gas_v & 0xFF00)>> 8);
    if (afStatus_SUCCESS == AF_DataRequest(&SerialApp_TxPoint,
                           (endPointDesc_t *)&SerialApp_epDesc,
                        SERIALAPP_CLUSTERID4,
                        2, gas_data,
                        &SerialApp_MsgID,
                        0,
                        AF_DEFAULT_RADIUS))
      {
      }
#endif
#ifdef TEM_SENSOR                              //获取温湿度传感器数值，并发送
    call_sht11(&sensor_tem,&sensor_val);   //获取温度值和湿度值
    tem_data[1] = (uint8 )(sensor_tem & 0x00FF);
    tem_data[0] = (uint8 )((sensor_tem & 0xFF00)>> 8);
    tem_data[3] = (uint8 )(sensor_val & 0x00FF);
    tem_data[2] = (uint8 )((sensor_val & 0xFF00)>> 8);
    if (afStatus_SUCCESS == AF_DataRequest(&SerialApp_TxPoint,
                            (endPointDesc_t *)&SerialApp_epDesc,
                        SERIALAPP_CLUSTERID5,
                        4,
                        tem_data,
                        &SerialApp_MsgID,
                        0,
                        AF_DEFAULT_RADIUS))
      {
      }
#endif
    }
```

添加采集光照度传感器数据函数 get_adc( )。

```
uint16 get_adc(void)
{
  uint32 value;
  ADCIF = 0;   //清ADC 中断标志
  //采用基准电压avdd5:3.3V，通道0，启动A/D转换
  ADCCON3 = (0x80 | 0x10 | 0x00);
  while ( !ADCIF )
  {
    ;   //等待A/D转换结束
  }
  value = ADCL;                        //A/D转换结果的低位部分存入value中
  value |= (((uint16)ADCH)<< 8); //取得最终转换结果存入value中
  value = value * 330;
  value = value >> 15;                 //根据计算公式算出结果值
  return (uint16)value;
}
```

传感器节点的详细代码可参考本书配套资源。

2）协调器接收数据

修改 SerialApp.c 文件中的 SerialApp_ProcessMSGCmd( )函数。

```c
void SerialApp_ProcessMSGCmd( afIncomingMSGPacket_t *pkt )
{
  RFTX rftx;
  gtwData_t gtwData;
  uint8 sensorData[16];
  uint8 sensorDataLen = 0;

  switch ( pkt->clusterId )
  {
  case SERIALAPP_CLUSTERID1:        //协调器接收设备信息
#if defined(ZDO_COORDINATOR)
    osal_memcpy(&rftx.databuf,pkt->cmd.Data,pkt->cmd.DataLength);
    HalUARTWrite(HAL_UART_PORT_1,rftx.databuf,7);
    osal_memcpy(&DeviceInfo[DeviceNum],&rftx,7);
    DeviceNum++;
#endif
    break;
  case SERIALAPP_CLUSTERID4:        //光照传感器
    //edit by zhuangqs
    gtwData.parent = 0;
    gtwData.source = pkt->srcAddr.addr.shortAddr;
    gtwData.temp = 0;
    gtwData.voltage = 0;

    sensorDataLen = 0;
    sensorData[sensorDataLen++] = 0;  //INTEMP为内部温度, 固定为0x00
    sensorData[sensorDataLen++] = 0;  //INVOL为内部电压, 固定为0x00
    sensorData[sensorDataLen++] = 0;  //PARADRL为父节点短地址低位, 固定为0x00
    sensorData[sensorDataLen++] = 0;  //PARADRH为父节点短地址高位, 固定为0x00
    sensorData[sensorDataLen++] = 0x02;  //逻辑类型, 02表示全功能节点
    sensorData[sensorDataLen++] = 0x00;  //传感器编号低位, 固定为0x00
    sensorData[sensorDataLen++] = 0x00;  //传感器编号高位, 固定为0x00
    sensorData[sensorDataLen++] = 0x21;  //传感器类型, 光照度
    sensorData[sensorDataLen++] = pkt->cmd.Data[1];        //光照度低字节
    sensorData[sensorDataLen++] = pkt->cmd.Data[0];        //光照度高字节
    // Send gateway report
    sendGtwReport(&gtwData, sensorData, sensorDataLen); //发送传感器的数据包
    HalLedSet ( HAL_LED_2, HAL_LED_MODE_FLASH );
    break;

  case SERIALAPP_CLUSTERID5:                      //温湿度传感器
    gtwData.parent = 0;
    gtwData.source = pkt->srcAddr.addr.shortAddr;
    gtwData.temp = 0;
    gtwData.voltage = 0;
```

```
    sensorDataLen = 0;
    sensorData[sensorDataLen++] = 0;//INTEMP为内部温度，保留，固定为0x00
    sensorData[sensorDataLen++] = 0;//INVOL为内部电压，保留，固定为0x00
    sensorData[sensorDataLen++] = 0;//PARADRL为父节点短地址低位，固定为0x00
    sensorData[sensorDataLen++] = 0;//PARADRH为父节点短地址高位，固定为0x00
    sensorData[sensorDataLen++] = 0x02; //逻辑类型，02表示全功能节点
    sensorData[sensorDataLen++] = 0x00; //传感器编号低位，固定为0x00
    sensorData[sensorDataLen++] = 0x00; //传感器编号高位，固定为0x00
    sensorData[sensorDataLen++] = 0x01; //传感器类型，温湿度
    sensorData[sensorDataLen++] = pkt->cmd.Data[1];//温度低字节
    sensorData[sensorDataLen++] = pkt->cmd.Data[0];//温度高字节
    sensorData[sensorDataLen++] = pkt->cmd.Data[3];//湿度低字节
    sensorData[sensorDataLen++] = pkt->cmd.Data[2];//湿度高字节

    sendGtwReport(&gtwData, sensorData, sensorDataLen); //发送传感器的数据包
    HalLedSet ( HAL_LED_2, HAL_LED_MODE_FLASH );
    break;

    default:
      break;
  }
}
```

在 SerialApp.c 文件中添加协调器串口 1 发送数据代码。

```
static void sendGtwReport(gtwData_t *gtwData ,uint8 *pData, uint8 len)
{
  uint8 pFrame[128];
  uint8 plen=len+11;
  // 数据头，固定为0xFE
  pFrame[FRAME_SOF_OFFSET] = CPT_SOP; //FE
  // 数据包长度，ADRL开始到CHK前一字节的字节数
  pFrame[FRAME_LENGTH_OFFSET] = len+6;
  // 命令类型，固定为8746
  pFrame[FRAME_CMD0_OFFSET] = LO_UINT16(ZB_RECEIVE_DATA_INDICATION);
  pFrame[FRAME_CMD1_OFFSET] = HI_UINT16(ZB_RECEIVE_DATA_INDICATION);
  // 源节点的短地址
  pFrame[FRAME_DATA_OFFSET+ ZB_RECV_SRC_OFFSET] =
LO_UINT16(gtwData->source);
  pFrame[FRAME_DATA_OFFSET+ ZB_RECV_SRC_OFFSET+ 1] =
HI_UINT16(gtwData->source);
  // 数据类型
  pFrame[FRAME_DATA_OFFSET+ ZB_RECV_CMD_OFFSET] =
LO_UINT16(SENSOR_REPORT_CMD_ID);
  pFrame[FRAME_DATA_OFFSET+ ZB_RECV_CMD_OFFSET+ 1] =
HI_UINT16(SENSOR_REPORT_CMD_ID);
  // [ SDATA] 的长度
  pFrame[FRAME_DATA_OFFSET+ ZB_RECV_LEN_OFFSET] = len;
  pFrame[FRAME_DATA_OFFSET+ ZB_RECV_LEN_OFFSET+ 1] = 0;
  // 传感器发送的数据包[ SDATA]
```

```
osal_memcpy(&pFrame[FRAME_DATA_OFFSET+ ZB_RECV_DATA_OFFSET],pData, len);
pFrame[plen - 1] = calcFCS(&pFrame[FRAME_LENGTH_OFFSET],(plen - 2));

    HalUARTWrite(HAL_UART_PORT_1,pFrame, plen);
}
```

在 SerialApp.c 文件中添加 CRC16 校验代码。

```
static uint8 calcFCS(uint8 *pBuf, uint8 len)
{
  uint8 rtrn = 0;

  while (len--)
  {
    rtrn ^= *pBuf++;
  }
  return rtrn;
}
```

协调器节点的详细代码可参考本书配套资源。

3）配置工程属性

协调器属性配置：打开 CoordinatorEB 的属性对话框，将 Defined symbols 按图 7-2-8 所示方式进行填写。

图 7-2-8　配置关键字

配置温湿度传感器节点属性，打开 tem_sensor 的属性对话框，在 Preprocessor 中添加一个定义字 TEM_SENSOR，如图 7-2-9 所示。

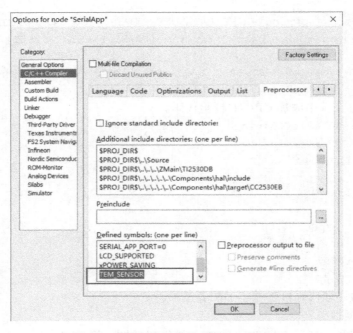

图 7-2-9　添加温湿度传感器节点关键字

　　配置光照度传感器节点属性，打开 guangzhao_sensor 的属性对话框，在 Preprocessor 中添加一个定义字 GAS_SENSOR，如图 7-2-10 所示。

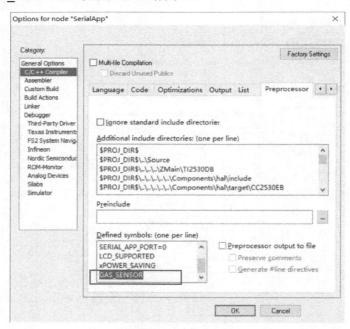

图 7-2-10　添加光照度传感器节点关键字

3．观察效果

　　找到 f8w2530.xcl 文件并打开。这个文件在 Projects/zstack/Tools/CC2530DB/目录下，也可以通过 IAR 编译环境的左侧 Workspace 窗口展开 Tools 文件夹看到。在 f8w2530.xcl 文件中找

到两行被注释掉的语句：

```
//-M(CODE)[(_CODEBANK_START+_FIRST_BANK_ADDR)-(_CODEBANK_END+_FIRST_BANK_AD
DR)]*/

//_NR_OF_BANKS+_FIRST_BANK_ADDR=0x8000
```

把这两行前面的"//"去掉，保存。

完成后将 Coordinator、tem_sensor 和 guangzhao_sensor 三个工程的程序进行编译，并分别下载至 3 块 ZigBee 模块上，可以看到协调器设备一上电，几秒后协调器的连接灯会处于点亮状态，而传感器 ZigBee 节点若与协调器组网成功，传感器节点的连接灯也会处于点亮状态，这样便于我们观察 3 块 ZigBee 模块是否组网成功。

使用串口工具获取 ZigBee 协调器串口 1 的数据，可以看到串口工具将会收到几条十六进制的数据，其中数据长度较大的那句是温湿度 ZigBee 节点的数据，数据长度较小的是光照度 ZigBee 节点的数据，如图 7-2-11 所示。

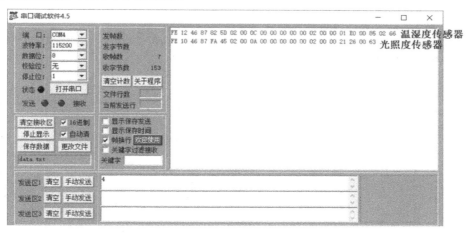

图 7-2-11　结果显示

7.3　蓝牙系统开发

如图 7-3-1 所示，使用两块蓝牙通信模块采集人体红外传感器的数值，将人体红外传感器的数值发送给蓝牙通信模块 B 的 P1.0 引脚并输出给继电器，使得继电器控制风扇运转（M3 模块有没有收到数据，无法通过外观看出，所以这里将 M3 模块用继电器和灯泡控制）。

图 7-3-1　蓝牙系统

1. 编写蓝牙从机代码

1）打开 SimpleBLEPeripheral 工程

将本书配套资料中 BLE-CC254x-1.3.2.exe 软件进行安装，安装完成后，打开 C:\Texas Instruments\BLE-CC254x-1.3.2\Projects\ble\SimpleBLEPeripheral\CC2541DB\SimpleBLEPeripheral.eww 工程，在 Workspace 栏内选择 CC2541。

2）更改设备匹配名称

在 simpleBLEPeripheral.c 文件中，更改设备的蓝牙名称（这里要求每一组的名称都不一样），参照下列代码。

```
1.    static uint8 scanRspData[] =
2.    {
3.      // 设置蓝牙设备名称
4.      0x13,   // 数据的长度
5.      GAP_ADTYPE_LOCAL_NAME_COMPLETE,
6.      'N',        // 0x53,  // 'S'
7.      'L',        // 0x70,  // 'p'
8.      'E',        // 0x45,  // 'E'
9.      ' ',        // 0x72,  // 'r'
10.     'B',        // 0x69,  // 'i'
11.     'L',        // 0x70,  // 'p'
12.     'E',        // 0x68,  // 'h'
13.     ' ',        // 0x65,  // 'e'
14.     'H',        // 0x72,  // 'r'
15.     'e',        // 0x61,  // 'a'
16.     'a',        // 0x6c,  // 'l'
17.     'r',
18.     't',
19.     ' ',
20.     'R',
21.     'a',
22.     't',
23.     'e',
24.     // 设置连接的区间范围
25.     0x05,   //数据长度
26.     GAP_ADTYPE_SLAVE_CONN_INTERVAL_RANGE,
27.     LO_UINT16( DEFAULT_DESIRED_MIN_CONN_INTERVAL ),   // 100ms
28.     HI_UINT16( DEFAULT_DESIRED_MIN_CONN_INTERVAL ),
29.     LO_UINT16( DEFAULT_DESIRED_MAX_CONN_INTERVAL ),   // 1s
30.     HI_UINT16( DEFAULT_DESIRED_MAX_CONN_INTERVAL ),
31.     // 设置Tx功率水平
32.     0x02,   // 数据长度
33.     GAP_ADTYPE_POWER_LEVEL,
34.     0        // 0dBm
```

```
35.  };
```

　　程序分析：第 4 行，0x13 表示后面跟着的蓝牙设备名称的长度是 19 字节，即从第 5～23 行是设备的名称，原本是 SpEripheral，这里要求每个人自己设置一个自己的名称，用于跟其他组进行区别，如果长度不是 19 字节，那么第 4 行的数值就需要更改。

　　3）在 Profiles 中添加特征值

　　在 simpleGATTprofile.h 文件中添加 CHAR6 相关参数。

```
#define SIMPLEPROFILE_CHAR6              5
#define SIMPLEPROFILE_CHAR6_UUID              0xFFF6
#define SIMPLEPROFILE_CHAR6_LEN              10
```

　　在 simpleGATTprofile.c 文件中添加 CHAR6 的 UUID。

```
//Characteristic 6 UUID: 0xFFF6
CONST uint8 simpleProfilechar6UUID[ATT_BT_UUID_SIZE] =
{LO_UINT16(SIMPLEPROFILE_CHAR6_UUID), HI_UINT16(SIMPLEPROFILE_CHAR6_UUID) };
```

　　在 simpleGATTprofile.c 文件中添加 CHAR6 的属性。

```
// Simple Profile Characteristic 6 Properties 通知发送
static uint8 simpleProfileChar6Props = GATT_PROP_NOTIFY;
static uint8 simpleProfileChar6[SIMPLEPROFILE_CHAR6_LEN] = "abcdefghij";
static gattCharCfg_t simpleProfileChar6Config[GATT_MAX_NUM_CONN];
static uint8 simpleProfileChar6UserDesp[17] = "Characteristic 6\0";
```

　　在 simpleGATTprofile.c 文件中添加修改特征值属性表。

```
static gattAttribute_t simpleProfileAttrTbl[SERVAPP_NUM_ATTR_SUPPORTED] =
{                                 },
// Characteristic 6 声明、属性、配置和描述
 {{ ATT_BT_UUID_SIZE, characterUUID },GATT_PERMIT_READ,0,
&simpleProfileChar6Props },
 { { ATT_BT_UUID_SIZE, simpleProfilechar6UUID }, 0, 0,
&simpleProfileChar6 },
 { { ATT_BT_UUID_SIZE, clientCharCfgUUID }, GATT_PERMIT_READ |
GATT_PERMIT_WRITE, 0, (uint8 *)simpleProfileChar6Config },
 { { ATT_BT_UUID_SIZE, charUserDescUUID },GATT_PERMIT_READ,0,
simpleProfileChar6UserDesp},
```

　　同时将"SERVAPP_NUM_ATTR_SUPPORTED"宏定义修改为 21，即：

```
#define SERVAPP_NUM_ATTR_SUPPORTED      21
```

　　4）特征值的相关函数与初始化

　　在 simpleGATTprofile.c 文件中修改设置参数的函数。

```
bStatus_t SimpleProfile_SetParameter( uint8 param, uint8 len, void *value )
{ bStatus_t ret = SUCCESS;
  switch ( param )
  { ……
    case SIMPLEPROFILE_CHAR6:
      if(len == SIMPLEPROFILE_CHAR6_LEN )
      { VOID osal_memcpy(simpleProfileChar6,value,
                      SIMPLEPROFILE_CHAR6_LEN );
        //当CHAR6改变时，从机将调用此函数通知主机CHAR6的值改变了
          GATTServApp_ProcessCharCfg(simpleProfileChar6Config,
                      &simpleProfileChar6,FALSE,
```

```
                    simpleProfileAttrTbl,GATT_NUM_ATTRS(simpleProfileAttrTbl),
                                      INVALID_TASK_ID );
      }
      else
      { ret = bleInvalidRange; }
      break;
    ...
```

在 simpleGATTprofile.c 文件中添加获得参数的函数。

```
   bStatus_t SimpleProfile_GetParameter( uint8 param, void *value )
 { bStatus_t ret = SUCCESS;
   switch ( param )
   {  ...
     case SIMPLEPROFILE_CHAR6:
       VOID osal_memcpy( value,
                       simpleProfileChar6,
                       SIMPLEPROFILE_CHAR6_LEN );
       break;
    ...
```

在 simpleGATTprofile.c 文件中添加读特征值的函数。

```
   static uint8 simpleProfile_ReadAttrCB(uint16 connHandle,gattAttribute_t
   *pAttr, uint8 *pValue, uint8 *pLen,uint16 offset, uint8 maxLen )
 {   switch ( uuid )
   {  ...
     case SIMPLEPROFILE_CHAR6_UUID:
         *pLen = SIMPLEPROFILE_CHAR6_LEN;
         VOID osal_memcpy( pValue,
                         pAttr->pValue,
                         SIMPLEPROFILE_CHAR6_LEN );
       break;
    ...
```

在 simpleBLEperipheral.c 文件中进行 CHAR6 的初始化。

```
   void SimpleBLEPeripheral_Init( uint8 task_id )
 {  ...
   uint8 charValue6[SIMPLEPROFILE_CHAR6_LEN] = "abcdefghij";
   SimpleProfile_SetParameter(SIMPLEPROFILE_CHAR6, SIMPLEPROFILE_CHAR6_LEN,
                             charValue6);
   ...
```

在 simpleBLEperipheral.c 文件中对 performPeriodicTask 函数进行修改。

```
   static void performPeriodicTask( void )
 {
   if(hongWaiValue != P0_1)
   {
     hongWaiValue = P0_1;
     if(hongWaiValue == 0)
     {
       rftx[0] = '1';
       rftx[1] = '1';
```

```
                SimpleProfile_SetParameter( SIMPLEPROFILE_CHAR6,
                                            SIMPLEPROFILE_CHAR6_LEN,
                                            rftx);
      }
      else
      { rftx[0] = '0';
        rftx[1] = '0';
        SimpleProfile_SetParameter( SIMPLEPROFILE_CHAR6,
                                    SIMPLEPROFILE_CHAR6_LEN,
                                    rftx);
      }
    }
  }
```

在 simpleBLEperipheral.c 文件中对 simpleProfileChangeCB 回调函数添加 SIMPLEPROFILE_CHAR6 的分支语句。

```
    static void simpleProfileChangeCB( uint8 paramID )
    {
     uint8 newValue;
     uint8 *newCharValue;
     switch( paramID )
     {
    …
       case SIMPLEPROFILE_CHAR6:
         SimpleProfile_GetParameter( SIMPLEPROFILE_CHAR6, newCharValue );
         if(newCharValue[0] >= SIMPLEPROFILE_CHAR6_LEN - 1 )
         {
           NPI_WriteTransport(newCharValue,SIMPLEPROFILE_CHAR6_LEN-1);
           NPI_WriteTransport("\n",1);
         }
         else
         {
           NPI_WriteTransport(&newCharValue[1],newCharValue[0]);
         }
         break;
     }
    }
```

2．编写蓝牙主机代码

1）打开 SimpleBLECentral 工程

将本书配套资料中 BLE-CC254x-1.3.2.exe 软件进行安装，安装完成后，打开 C:\Texas Instruments\BLE-CC254x-1.3.2\Projects\ble\SimpleBLECentral\CC2541\SimpleBLECentral.eww 工程，在 Workspace 栏内选择 CC2541EM 工程。

2）添加串口回调函数代码

这我们采用串口发指令方式代替按键，串口指令 1、2、3、4、5 分别对应 Joystick 按键的 UP、LEFT、RIGHT、CENTER、DOWN。需要把按键程序移植到串口接收处理函数 NpiSerialCallback( )中去，在 simpleBLECentral.c 文件中添加 NpiSerialCallback( )函数，具体如下：

```
static void NpiSerialCallback( uint8 port, uint8 events )
{ (void)port;
  uint8 numBytes = 0;
  uint8 buf[5];
  if (events & HAL_UART_RX_TIMEOUT)                //串口有数据?
  { numBytes = NPI_RxBufLen();                     //读出串口缓冲区有多少字节
    NPI_ReadTransport(buf,numBytes);               //读出串口缓冲区的数据
if ( buf[0]==0x01 )  //开始或停止设备发现
    { if ( simpleBLEState != BLE_STATE_CONNECTED ) //判断有没有连接
      { if ( !simpleBLEScanning )                  //判断主机是否正在扫描
        { simpleBLEScanning = TRUE;                //若没有正在扫描,则执行以下代码
          simpleBLEScanRes = 0;
          LCD_WRITE_STRING( "Discovering...", HAL_LCD_LINE_1 );
          LCD_WRITE_STRING( "", HAL_LCD_LINE_2 );
          GAPCentralRole_StartDiscovery( DEFAULT_DISCOVERY_MODE,
                                DEFAULT_DISCOVERY_ACTIVE_SCAN,
                                DEFAULT_DISCOVERY_WHITE_LIST );
        }
        else                                       //否则主机正在扫描,则取消扫描
        { GAPCentralRole_CancelDiscovery();
    } } }
    if ( buf[0]==0x02 )                            //显示发现结果
    { if ( !simpleBLEScanning && simpleBLEScanRes > 0 )
      { simpleBLEScanIdx++;                        //用于滚动显示多个设备的索引
        if ( simpleBLEScanIdx >= simpleBLEScanRes )
        {
          simpleBLEScanIdx = 0;                    //若是,则对索引清零
        }
        LCD_WRITE_STRING_VALUE( "Device",
                                simpleBLEScanIdx + 1,
                                10,
                                HAL_LCD_LINE_1 );
LCD_WRITE_STRING( bdAddr2Str
                ( simpleBLEDevList[simpleBLEScanIdx].addr ),
                HAL_LCD_LINE_2 );
 }//根据索引号显示对应的设备
      }
    if ( buf[0]==0x04)  //建立或断开当前连接
    {
      uint8 addrType;
      uint8 *peerAddr;
      if ( simpleBLEState == BLE_STATE_IDLE )
      {
        if ( simpleBLEScanRes > 0 )
        {
          peerAddr = simpleBLEDevList[simpleBLEScanIdx].addr;
          addrType = simpleBLEDevList[simpleBLEScanIdx].addrType;
          simpleBLEState = BLE_STATE_CONNECTING;
```

```
                    GAPCentralRole_EstablishLink( DEFAULT_LINK_HIGH_DUTY_CYCLE,
                                                  DEFAULT_LINK_WHITE_LIST,
                                                  addrType, peerAddr );
                    LCD_WRITE_STRING( "Connecting", HAL_LCD_LINE_1 );
                    LCD_WRITE_STRING( bdAddr2Str( peerAddr ), HAL_LCD_LINE_2 );
                }
            }
            else if ( simpleBLEState == BLE_STATE_CONNECTING ||
                      simpleBLEState == BLE_STATE_CONNECTED )
            {
                simpleBLEState = BLE_STATE_DISCONNECTING;
                gStatus = GAPCentralRole_TerminateLink( simpleBLEConnHandle );
                LCD_WRITE_STRING( "Disconnecting", HAL_LCD_LINE_1 );
            }
    } } }
```

3）添加从机向主机发送数据的代码，实现主从机串口透传

采用通知机制，从机接收红外对射的数据，并对 CHAR6 写入数据，再通知主机来读取。

配置主机打开 CHAR6 的通知功能，对 CHAR6 的 Handle+1 写入 0x0001，即打开 CHAR6 的通知功能，CHAR6 的 Handle 为 0x0035，所以对 0x0036 写入 0x0001。把这些代码放在主机连接参数更新完成之后。

```
static void simpleBLECentralEventCB( gapCentralRoleEvent_t *pEvent )
{   ...
    case GAP_LINK_PARAM_UPDATE_EVENT: //更新参数
    {   attWriteReq_t req;
        LCD_WRITE_STRING( "Param Update", HAL_LCD_LINE_1 );
        req.handle = 0x0036;
        req.len = 2;
        req.value[0] = 0x01;
        req.value[1] = 0x00;
        req.sig = 0;
        req.cmd = 0;
        GATT_WriteCharValue( simpleBLEConnHandle, &req, simpleBLETaskId );
        NPI_WriteTransport("Enable Notice\n",14);
    }
    break;……
```

4）主机响应 CHAR6 的通知，并得到从机发送的数据，上传给 PC

使能通知功能后，当服务器（从机）有数据更新的通知，则客户端（主机）接到通知，并触发 GATT 事件。在 GATT 事件处理函数中添加如下代码：

```
static void simpleBLECentralProcessGATTMsg( gattMsgEvent_t *pMsg )
{   ...
  else if ( simpleBLEDiscState != BLE_DISC_STATE_IDLE )
  { simpleBLEGATTDiscoveryEvent( pMsg ); }
  else if (( pMsg->method == ATT_HANDLE_VALUE_NOTI ))  //通知事件
  { if( pMsg->msg.handleValueNoti.handle == 0x0035)
    {
      if(*(&pMsg->msg.handleValueNoti.value[0])== '1')
          P1_0 = 1;
```

```
        else if(*(&pMsg->msg.handleValueNoti.value[0])== '0')
             P1_0 = 0;
if(pMsg->msg.handleValueNoti.value[0]>=10)
    { NPI_WriteTransport(&pMsg->msg.handleValueNoti.value[0],10 );
      NPI_WriteTransport("...\n",4 );
    }
    else
    { NPI_WriteTransport(&pMsg->msg.handleValueNoti.value[0],
      pMsg->msg.handleValueNoti.value[0] );
} } } }
```

5）初始化串口

在函数 SimpleBLECentral_Init(uint8 task_id)中添加串口初始化函数。

```
void SimpleBLECentral_Init( uint8 task_id )
{ ...
  NPI_InitTransport(NpiSerialCallback);
  NPI_WriteTransport("NEWLab\n",7);
...}
```

3. 设备环境搭建

如图 7-3-2 所示，将各个设备连接起来。

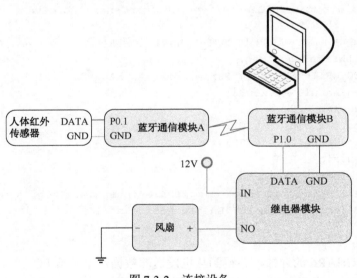

图 7-3-2　连接设备

4. 程序下载

1）给蓝牙通信模块 A 下载程序

将蓝牙通信模块 A 的串口连接至 PC，打开从机代码，在 Workspace 栏内选择 CC2541，编译下载程序到蓝牙通信模块中，上电运行，在串口调试软件上显示从机名称（BLE Peripheral）、芯片厂家（Texas Instruments）、设备地址（0x78A5047A5272）、初始化完成提示字符（Initialized）和设备广播状态（Advertising），如图 7-3-3 所示。

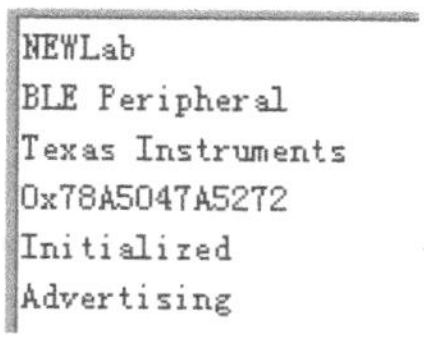

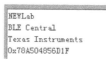

图 7-3-3　从机启动信息

2）给蓝牙通信模块 B 下载程序

将蓝牙通信模块 B 的串口连接至 PC，将蓝牙主机程序编译下载至蓝牙通信模块 B 中，上电运行，在串口调试软件上显示主机名称（BLE Central）、芯片厂家（Texas Instruments）和设备地址（0x78A504856D1F），如图 7-3-4 所示。

```
NEWLab
BLE Central
Texas Instruments
0x78A504856D1F
```

图 7-3-4　主机启动信息

5．效果显示

断开从机与 PC 串口的连接，保持主机的串口继续与 PC 相连。

● 主机对应的 PC 串口发送指令"1"，搜索节点设备。

● 主机对应的 PC 串口发送指令"2"，查看搜索的节点设备，显示节点设备的编号。

● 主机对应的 PC 串口发送指令"4"，与搜索到的节点设备进行连接，显示与节点设备连接等相关信息。以上主从机连接过程中，串口显示的信息如图 7-3-5 所示。

图 7-3-5　主从机连接过程中串口显示的信息

● 当从机所接的人体红外传感器感应到有人时，串口工具上会显示"11"，同时风扇旋转，反之串口工具上显示"00"，同时风扇停止，如图 7-3-6 所示。

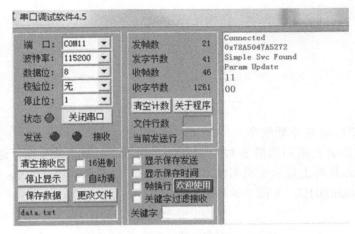

图 7-3-6　人体检测结果的显示信息

7.4　综合场景实现

结合 7.2 节和 7.3 节的结果，完成 7.1 节中所要求的智慧家庭系统的效果演示。

1．Wi-Fi 通信系统的开发

在实现智慧家庭系统之前，还需要完成 Wi-Fi 通信系统的开发。

Wi-Fi 通信系统开发要求 PC 通过串口助手可以显示出 M3 模块上传的数据，同时可以通过 PC 的串口助手控制风扇的开和关，系统的架构如图 7-4-1 所示。

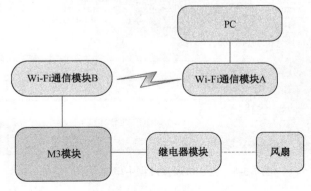

图 7-4-1　Wi-Fi 系统架构图

详细功能说明：

● Wi-Fi 通信模块 B 和 Wi-Fi 通信模块 A 采用 Wi-Fi 方式进行信号传递。

- M3 模块主要负责与 Wi-Fi 通信模块 B 发送和接收数据。M3 模块的程序无须自己开发，已经开发完成。
- M3 模块负责分析 Wi-Fi 通信模块 B 发来的指令，从而控制继电器模块驱动风扇工作。

2．下载固件

通过安信可网站 http://bbs.ai-thinker.com/forum.php 下载 1 个有关 Socket 通信的例子固件 Wi-Fi_socket，再下载一个串口 Wi-Fi 固件。

Wi-Fi_socket 例子固件的主要功能是支持 Socket 通信，Socket 通信的代码量太大，如果自行从头开始写，对技术能力的要求很高，所以这里我们直接采用现成的。

串口 Wi-Fi 固件是开发好的，可直接烧写进 Wi-Fi 模块中，该固件主要功能是将串口中的数据直接通过 Wi-Fi 功能进行发送，同时接收 Wi-Fi 信号。该程序使用的是 AT 指令。

3．编写代码

使用 ESP8266 IDE 开发工具打开 Wi-Fi_socket 例子固件。

打开文件 user_main.c 文件，更改 user_init( )函数中的代码，这里我们只需要用到一个任务，主要用于将接收到的 Wi-Fi 数据发送至串口 0，同时接收串口 0 的数据，通过 Wi-Fi 进行发送，所有这里我们只留 1 个任务，将多余的任务注释掉。

```
1.    xTaskCreate(task1, "tsk1", 256, NULL, 2, NULL);
2.    //xTaskCreate(task2, "tsk2", 256, NULL, 2, NULL);
3.    //xTaskCreate(task3, "tsk3", 256, NULL, 2, NULL);
4.    //xTaskCreate(task4, "tsk4", 256, NULL, 2, NULL);
```

这里我们需要让 Wi-Fi 模块 A 作为 AP 模块，让 Wi-Fi 模块 B 进行连接，首先需要将下列有关 station 模式的相关设置信息注释掉，在要注释的代码上下位置加上#if 0 和#endif 即可：

```
#if 0
/* need to set opmode before you set config */
Wi-Fi_set_opmode(STATIONAP_MODE);
{
    struct station_config *config = (struct station_config *)zalloc
    (sizeof(struct station_config));
    sprintf(config->ssid, "CVR100W_lhs");
    sprintf(config->password, "justfortest");

    /* need to sure that you are in station mode first,
    * otherwise it will be failed. */
    Wi-Fi_station_set_config(config);
    free(config);
}
#endif
```

在 user_init( )函数中需要添加有关 AP 的代码：

```
Wi-Fi_set_opmode(SOFTAP_MODE);                      //设置为AP模式
{
    struct ip_info ipinfo;                          //创建ip_info结构体
    ipinfo.gw.addr = ipaddr_addr("192.168.1.1");   //设置网关
    ipinfo.ip.addr = ipaddr_addr(SERVER_IP);       //设置IP
```

```
        ipinfo.netmask.addr = ipaddr_addr("255.255.255.0");    //设置字为掩码
    Wi-Fi_set_ip_info(SOFTAP_IF, &ipinfo);

}
{

    struct softap_config config;
    memset((void*)&config, 0, sizeof(config));         //创建大小为config的空间
    sprintf(config.ssid, "%s", ESP8266_AP_SSID);           //配置Wi-Fi名称
    sprintf(config.password, "%s", ESP8266_AP_PASSWD);      //配置Wi-Fi密码
    config.ssid_len = strlen(config.ssid);                 //Wi-Fi名称长度
    config.channel = 10;                                   //设置信道
    config.authmode = AUTH_WPA2_PSK;                       //加密方式
    config.ssid_hidden = 0;                                //Wi-Fi名称不隐藏
    config.max_connection = 10;                            //最大连接数
    //输出AP信息
    printf("AP:%s,  PASSWD:%s\n", config.ssid, config.password);
    Wi-Fi_softap_set_config(&config);                      //配置AP信息

}
{

    struct dhcp_info *pdhcp_info = NULL;                    //设置DHCP结构体
    pdhcp_info = (struct dhcp_info *)zalloc(sizeof(struct dhcp_info));
    pdhcp_info->start_ip = htonl(ipaddr_addr("192.168.1.100"));//起始IP
    pdhcp_info->end_ip = htonl(ipaddr_addr("192.168.1.200"));  //结束IP
    pdhcp_info->max_leases = 10;       //最大租约数量（包括保留地址）
    pdhcp_info->auto_time = 60;        //udhcpd在编写配置文件之前等待多长时间
    pdhcp_info->decline_time = 60;     //客户端返回地址保留多长时间
    pdhcp_info->conflict_time = 60;    //IP地址冲突保留多长时间
    pdhcp_info->offer_time = 60;       //提供的地址被保留多长时间
    pdhcp_info->min_lease_sec = 60;    //最低租赁时间
    if(dhcp_set_info(pdhcp_info) != true)   //设置DHCP信息
        printf("dhcp_set_info error\n");    //如果设置不成功，输出错误信息
        free(pdhcp_info);                   //释放空间

}
```

设置 AP 的 Wi-Fi 名称和密码，打开 hoard_tcp_server.h 文件，将宏定义中的 ssid 更改成 xdl_Wi-Fi，passwd 更改成 12345678。这里要求每一组的 Wi-Fi 名称都要不一样，防止相互干扰。

```
#define ESP8266_AP_SSID         "xdl_Wi-Fi"
#define ESP8266_AP_PASSWD       "12345678"
```

我们需要让 PC 能够通过 Wi-Fi 控制风扇的开和关，所以打开 hoard_tcp_server.c 文件，更改 process_msg_task( )函数中的代码，这里添加采集串口信息的代码，并发送串口数据给 Wi-Fi 模块 B。

```
UartRxLen=recv_serial_msg(UartRxBuf,64);     //接收串口数据
if(UartRxLen > 0)                            //如果有数据
{
    if(strstr(UartRxBuf,"1") != NULL)        //数据是1
    {
        sprintf(UartRxBuf,"fan_on\r\n");     //将fan_on写入UartRxBuf
    }
```

```
        else if(strstr(UartRxBuf,"0") != NULL)     //数据是0
        {
            sprintf(UartRxBuf,"fan_off\r\n");       //将fan_off写入UartRxBuf
        }
        printf("%s\r\n",UartRxBuf);
        try_to_send_esp8266_msg(sock,
                    (char *)UartRxBuf,
                  strlen((char *)UartRxBuf));        //无线发送UartRxBuf中的数据
    }
```

4．程序下载

1）下载 Wi-Fi 通信模块 A 的程序

将 0x00000.bin 和 0x40000.bin 共两个文件下载至 Wi-Fi 通信模块 A 中。

2）下载 Wi-Fi 通信模块 B 的程度

将 Ai-Thinker_ESP8266_DOUT_8Mbit_v1.5.4.1-a_20171130.bin、user1.bin 和 user3.bin 共三个文件下载至 Wi-Fi 通信模块 B 中。

3）下载 M3 模块程序

如图 7-4-2 所示，使用 Keil 开发工具，打开 M3 模块的程序，将 CloudRefernce.h 头文件中的 WI-FI_AP 和 WI-FI_PWD 改成和 Wi-Fi 通信模块 A 中相应的内容。

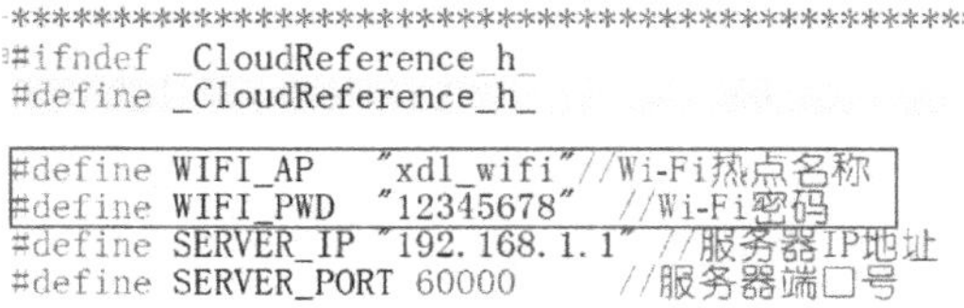

```
****************************************
#ifndef _CloudReference_h_
#define _CloudReference_h_

#define WIFI_AP    "xdl_wifi"//Wi-Fi热点名称
#define WIFI_PWD   "12345678"  //Wi-Fi密码
#define SERVER_IP "192.168.1.1"  //服务器IP地址
#define SERVER_PORT 60000      //服务器端口号
```

图 7-4-2　M3 模块代码更改

完成后，右键单击工程并选择 Build target，将工程进行编译，如图 7-4-3 所示。

图 7-4-3　编译工程

将工程目录 project\Objects 中的 NEWLab-20181807.hex 文件下载至 M3 模块中。

4）下载蓝牙通信模块程序

将 7.3 节中开发好的主机代码程序下载到蓝牙通信模块 B 中，将从机代码程序下载到蓝牙通信模块 A 中。

5）下载 ZigBee 通信模块程序

将 7.2 节中开发好的 tem_sensor 程序下载到 ZigBee 节点 A 中，将 guangzhao_sensor 程序下载到 ZigBee 节点 B 中，将 Coordinator 程序下载到 ZigBee 模块（协调器）中。

5．硬件环境搭建

如图 7-4-4 所示，连接整个智慧家庭系统各硬件设备。

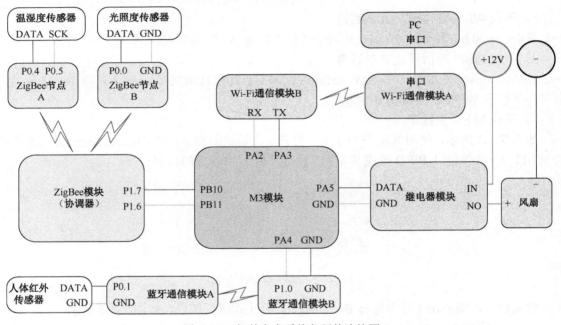

图 7-4-4　智慧家庭系统各硬件连接图

6．效果演示

将蓝牙通信模块 A 的串口与 PC 串口相连，上电运行，在串口调试软件上显示如图 7-4-5 所示信息。

将蓝牙通信模块 B 的串口与 PC 串口相连，上电运行，在串口调试软件上显示如图 7-4-6 所示信息。

图 7-4-5　蓝牙通信模块 A 启动信息　　　　图 7-4-6　蓝牙通信模块 B 启动信息

断开蓝牙通信模块 A 与 PC 相连的串口，继续保持蓝牙通信模块 B 与 PC 串口相连。

● 蓝牙通信模块 B 对应的 PC 串口发送指令"1"，搜索节点设备。

- 蓝牙通信模块 B 对应的 PC 串口发送指令 "2"，查看搜索的节点设备，显示节点的设备编号（如果搜索到的节点编号不是自己组的节点编号，可以再次发送指令 2，重新搜索下一个节点）。
- 蓝牙通信模块 B 对应的 PC 串口发送指令 "4"，与搜索到的节点设备进行连接，显示与节点设备连接等相关信息。以上两个蓝牙通信模块的连接过程中，串口显示的信息如图 7-4-7 所示。

图 7-4-7　两个蓝牙通信模块连接过程中串口的显示信息

配对成功后断开蓝牙通信模块 B 与 PC 相连的串口，保持蓝牙通信模块 A 和 B 的上电状态。

打开串口调试助手软件，根据图 7-4-8 要求进行配置。

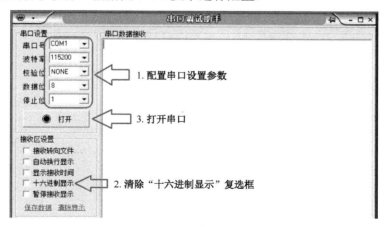

图 7-4-8　串口配置

此时串口调试助手的数据接收框会显示出各传感器采集到的数值，如图 7-4-9 所示。

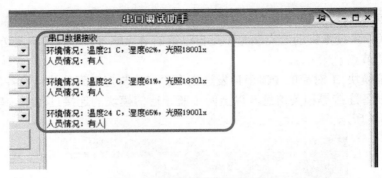

图 7-4-9　各传感器采集到的数值

如图 7-4-10 所示，取消按十六进制格式发送，并在串口调试助手的发送框中输入 1，单击"发送"按钮，此时可以看到风扇开始旋转。

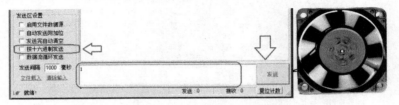

图 7-4-10　控制风扇运行

在发送框中输入 0，单击"发送"按钮，此时风扇停止旋转，如图 7-4-11 所示。

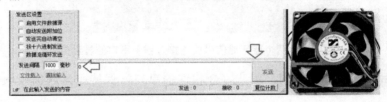

图 7-4-11　控制风扇停止